机电产品三维造型创新设计与仿真实例

杨咸启　褚　园　钱　胜　著

科学出版社

北京

内 容 简 介

本书介绍了典型机电产品(零件)三维创新设计与仿真实例,主要内容包括:机电产品计算机辅助设计基础、机械基础件的三维造型设计与运动仿真、汽车产品(零件)的三维造型设计、家用产品(零件)的三维造型设计、机床产品(零件)的三维造型设计、工程机电产品(零件)的三维创新设计。全书力图从工程实际出发,介绍工程设计实例。

本书适合高等院校机电设计及相关专业的师生阅读,也可供从事产品设计的工程技术人员参考。

图书在版编目(CIP)数据

机电产品三维造型创新设计与仿真实例/杨咸启,褚园,钱胜著. —北京:科学出版社,2016

ISBN 978-7-03-046966-3

Ⅰ.①机⋯ Ⅱ.①杨⋯ ②褚⋯ ③钱⋯ Ⅲ.①机电设备-三维-造型设计-仿真设计 Ⅳ.①TH122-39

中国版本图书馆 CIP 数据核字(2016)第 006722 号

责任编辑:裴 育 高慧元 / 责任校对:桂伟利
责任印制:徐晓晨 / 封面设计:蓝正设计

科学出版社出版
北京东黄城根北街 16 号
邮政编码:100717
http://www.sciencep.com

北京凌奇印刷有限责任公司印刷
科学出版社发行 各地新华书店经销

*

2016 年 3 月第 一 版   开本:720×1000 1/16
2020 年 7 月第四次印刷   印张:19
字数:369 000
定价:120.00元
(如有印装质量问题,我社负责调换)

前　　言

　　产品设计是工科机械类专业学生应具备的重要能力之一,因此相关课程不仅应包括设计知识,更要着力培养学生的设计思想方法和解决问题的能力,为今后的发展打下基础。针对应用型人才培养的教学需要,从实际问题出发,运用更多新鲜的设计实例,提高学生掌握知识和应用知识解决实际问题的能力很有必要。

　　为了实现这一目标,作者在课程设置、课程内容、教学方法等方面进行了一系列改革探索,申报了黄山学院应用型课程开发项目"机械产品三维设计与造型(CAD)"并得到支持;而后又获得了安徽省教育厅教学改革与质量提升计划重大课程改革项目的支持,进行"以能力培养为中心的工程制图与三维造型设计系列课程改革"项目。参与这些项目的人员有:杨咸启、刘胜荣、褚园、钱胜、曹建华等老师。并且在多届学生的毕业设计中均采用了三维创新设计方法,取得了很好的效果。其中比较典型的有刘腾飞、葛小乐、江明、金浩、宋鹏、康淼、郭传乐、江超一、胡庆伟、张鹏、赵杰、孙新华、张喜超、王永亮、纪亮、慕玉龙、胡志坚等同学完成的三维创新设计产品。这些老师和学生对本书的内容做出了贡献。

　　本书在撰写过程中力求突出以下方面:

　　(1) 内容简练,重点突出,注重步骤。在结构体系安排上,先介绍简单的应用实例,再说明比较复杂的产品。将比较难于掌握的内容,分散在多处介绍。

　　(2) 突出应用能力,使读者能够了解从工程产品到设计建模的方法。

　　(3) 从工程实际出发,介绍设计创新过程。读者根据书中介绍的方法步骤就可以设计出产品零件,再深入学习就可以了解和掌握三维设计方法,从而提高学习兴趣。

　　参加本书撰写的人员有:杨咸启(第1~3、6章)、褚园(第4章)、钱胜(第5章)。全书由杨咸启修改定稿。

　　本书得到了黄山学院和科学出版社的大力支持。特别是得到了安徽省教育厅教学改革与质量提升计划的有力资助。安徽冠润汽车转向系统有限公司戴朝樑总经理提供了部分产品设计样品。书中引用了所列参考文献的部分资料。在此一并表示感谢! 由于作者水平所限,对于书中存在的疏漏,敬请读者批评指正。

作　者
2015年8月

目 录

前言
第1章 机电产品计算机辅助设计基础 ··· 1
  1.1 计算机辅助设计技术发展 ··· 1
  1.2 典型计算机绘图软件简介 ··· 2
  1.3 参数化设计方法简介 ·· 9
  1.4 产品仿真设计方法简介 ··· 10
  1.5 机电产品设计工程 ·· 12
    1.5.1 零件尺寸公差配合要求与图示 ·· 12
    1.5.2 零件形位公差要求与图示 ··· 15
    1.5.3 零件表面质量要求与图示 ··· 16
    1.5.4 零件制造方法选择与表示 ··· 18
    1.5.5 二维工程图样举例 ·· 20
第2章 机械基础件的三维造型设计与运动仿真 ··· 24
  2.1 机械基础件介绍 ·· 24
  2.2 螺纹零件三维造型设计 ··· 25
    2.2.1 丝杆三维造型设计 ·· 25
    2.2.2 螺旋机构三维造型设计 ··· 26
  2.3 齿轮零件三维造型设计 ··· 35
    2.3.1 渐开线齿轮参数 ··· 35
    2.3.2 齿轮零件参数化设计 ·· 37
    2.3.3 齿轮其他结构设计 ·· 43
    2.3.4 齿轮工程图 ··· 44
  2.4 齿轮组件啮合运动仿真 ··· 45
    2.4.1 齿轮组组装 ··· 45
    2.4.2 齿轮组运动仿真 ··· 48
    2.4.3 齿轮组运动打滑分析 ·· 48
    2.4.4 齿轮组运动干涉检查 ·· 49
  2.5 深沟球轴承产品三维造型设计 ··· 50
    2.5.1 轴承设计理论基础 ·· 50
    2.5.2 轴承设计参数 ·· 50

2.5.3　轴承参数化设计 ·················· 53
　　2.5.4　轴承零件装配 ···················· 63
　　2.5.5　轴承工程图 ······················ 66
2.6　深沟球轴承产品运动仿真····················· 71
　　2.6.1　轴承运动仿真 ···················· 71
　　2.6.2　钢球打滑分析 ···················· 72
　　2.6.3　轴承零件装配干涉检查 ·············· 74
2.7　圆锥滚子轴承产品三维造型设计················ 75
　　2.7.1　轴承设计参数 ···················· 75
　　2.7.2　轴承参数化设计 ·················· 76
　　2.7.3　轴承零件装配 ···················· 84
2.8　圆锥滚子轴承产品运动仿真···················· 87
　　2.8.1　轴承运动仿真 ···················· 87
　　2.8.2　滚子打滑分析 ···················· 88

第3章　汽车产品(零件)的三维造型设计················ 91
3.1　汽车转向机支架三维设计······················ 91
　　3.1.1　支架结构 ························ 91
　　3.1.2　支架支撑体特征尺寸 ················ 91
　　3.1.3　支架支撑体三维设计 ················ 92
　　3.1.4　支架支撑体视图 ··················· 98
3.2　液压分配阀三维设计························ 100
　　3.2.1　分配阀结构 ······················ 100
　　3.2.2　分配阀结构特征尺寸 ················ 100
　　3.2.3　分配阀三维零件设计 ················ 101
　　3.2.4　分配阀零件视图 ··················· 117
3.3　转向机传动轴系统三维设计···················· 118
　　3.3.1　传动输入轴系统结构 ················ 118
　　3.3.2　输入轴三维造型设计 ················ 121
　　3.3.3　传动斜齿轮轴三维造型设计 ··········· 128
　　3.3.4　齿条轴三维造型设计 ················ 133
3.4　转向机支座三维设计························ 136
　　3.4.1　支座零件主要尺寸 ·················· 136
　　3.4.2　支座零件三维造型设计 ··············· 136
3.5　后视镜罩壳体三维设计······················ 152
　　3.5.1　后视镜罩三维形貌数据 ··············· 152
　　3.5.2　后视镜罩三维模型设计 ··············· 153

第4章　家用产品(零件)的三维造型设计 ……………………………… 155
4.1　可拆卸 DC 插口的造型设计与装配 ……………………………… 155
4.1.1　零件结构尺寸 ……………………………… 155
4.1.2　零件三维设计 ……………………………… 155
4.2　清洁机外壳的设计与装配 ……………………………… 176
4.2.1　零件结构尺寸 ……………………………… 176
4.2.2　零件三维设计 ……………………………… 177
4.3　遥控器外壳注塑模具造型设计 ……………………………… 186
4.3.1　零件结构尺寸 ……………………………… 186
4.3.2　零件注塑模具设计 ……………………………… 187
4.3.3　注塑模具模架设计 ……………………………… 193

第5章　机床产品(零件)的三维造型设计 ……………………………… 195
5.1　机床导轨三维设计 ……………………………… 195
5.1.1　导轨结构特点 ……………………………… 195
5.1.2　导轨设计 ……………………………… 195
5.2　车床主轴三维设计 ……………………………… 197
5.2.1　主轴结构特点 ……………………………… 197
5.2.2　主轴设计 ……………………………… 198
5.2.3　零件视图 ……………………………… 205
5.3　数控机床刀柄三维设计 ……………………………… 206
5.3.1　刀柄结构特点 ……………………………… 207
5.3.2　刀柄设计 ……………………………… 207
5.3.3　零件视图 ……………………………… 212
5.4　滚珠丝杆三维设计 ……………………………… 212
5.4.1　丝杆结构特点 ……………………………… 213
5.4.2　丝杆设计 ……………………………… 213
5.4.3　零件视图 ……………………………… 223
5.5　端面齿轮盘三维设计 ……………………………… 224
5.5.1　齿轮盘结构特点 ……………………………… 224
5.5.2　齿轮盘设计 ……………………………… 225
5.5.3　零件视图 ……………………………… 232
5.6　数控铣床夹头三维设计 ……………………………… 233
5.6.1　夹头结构特点 ……………………………… 233
5.6.2　夹头设计 ……………………………… 233
5.6.3　零件视图 ……………………………… 243

5.7 机床组件设计与装配 ·· 243
   5.7.1 组合机床传动轴部件 ·· 243
   5.7.2 组合机床传动轴部件装配 ···································· 245

第6章 工程机电产品(零件)的三维创新设计 ······················ 254
6.1 薄板冲压成型机机构设计 ·· 254
   6.1.1 机构工作原理 ··· 254
   6.1.2 结构三维造型设计 ··· 255
6.2 散料分离与输送机机构设计 ······································ 268
   6.2.1 机构工作原理 ··· 268
   6.2.2 结构三维造型设计 ··· 268
6.3 人体穴位刮痧按摩机机构设计 ··································· 273
   6.3.1 机构工作原理 ··· 273
   6.3.2 结构三维造型设计 ··· 274
   6.3.3 部件装配 ·· 277
6.4 自动削面机机构设计 ·· 278
   6.4.1 机构工作原理 ··· 278
   6.4.2 机构运动分析 ··· 278
   6.4.3 凸轮设计 ·· 280
   6.4.4 结构三维造型设计 ··· 286
6.5 下水道疏通机机构设计 ·· 287
   6.5.1 机构工作原理 ··· 287
   6.5.2 螺旋主轴设计 ··· 288
   6.5.3 疏通机外壳三维设计 ······································ 290
   6.5.4 疏通机组装 ··· 290

参考文献 ·· 292

第1章 机电产品计算机辅助设计基础

1.1 计算机辅助设计技术发展

计算机辅助设计(computer aided design,CAD)是指工程设计人员以计算机为辅助工具,完成产品的设计、分析、绘图等工作,达到提高产品设计质量、缩短产品开发周期、降低产品成本的目的。

计算机辅助技术的主要内容如表1-1-1所示。

表1-1-1 计算机辅助技术的主要内容

	计算机辅助绘图(CAW)			
计算机辅助技术	计算机辅助设计(CAD)	几何建模(GAM)	零件建模	1) 线框模型 2) 曲面模型 3) 实体模型
			装配建模	
		装配及干涉分析(DFA)		
		制造可行分析(DFM)		
	计算机辅助分析(CAE)	优化设计(OPT)		
		有限元分析与仿真(FEA)		
		运动学、动力学分析与仿真		

CAD技术已经经过了几次大的发展。在CAD技术发展初期,主要是计算机辅助绘图(computer aided drawing (or drafting)),一直持续到20世纪70年代末期,CAD技术仍以二维绘图为主要研究对象。

CAD技术第一次大的发展是曲面造型技术。贝塞尔算法的提出,使得人们利用计算机处理曲线及曲面问题变得可行。在二维绘图的基础上,开发出以表面模型为特点的自由曲面建模方法,并出现了三维曲面造型软件系统。它从单纯模仿工程图纸的三视图模式,发展到以计算机描述产品零件的外形信息阶段,同时也使得计算机辅助制造(CAM)技术的开发有了基础。

CAD技术第二次大的发展是实体造型技术。通过对CAD/CAE(计算机辅助设计与计算机辅助工程)一体化技术的探索,SDRC公司于1979年发布了世界上第一个完全基于实体造型技术的大型CAD/CAE软件——I-deas。实体造型技术的特点是能够精确表达零件的全部属性,统一了CAD、CAE、CAM的模型表达,给设计带来了方便。

CAD 技术第三次大的发展是参数化技术。其主要特点是基于产品特征、全尺寸约束、全数据相关、尺寸驱动设计修改等。Pro/E 软件便是这一阶段开发出来的。随着 Pro/E 软件性能不断改进，给设计者带来了极大的方便。

CAD 技术第四次大的发展是变量化技术。变量化技术是指采用主模型技术统一数据表达，实现变量化构画草图、变量化截面整形、变量化方程、变量化扫掠曲面、变量化三维特征、变量化装配等。变量化技术既保持了参数化技术原有的优点，同时又克服了其许多不足之处。它的成功应用为 CAD 技术的发展提供了更大的空间和机遇。

众所周知，CAD 技术不仅可以大幅度提高设计效率和产品质量，更为重要的是，它已成为现代工业设计中必不可少的技术手段。许多大型企业，三维设计以工作站上运行大型软件为主，如 Pro/E、Catia、I-deas、UG NX 和 Solid Works 等。这些软件系统结构庞大复杂。随着计算机三维 CAD 系统的日趋完善及 Windows 操作平台的普及和计算机性能价格比的不断提高，企业使用计算机三维 CAD 技术已经非常普及。

我国从 20 世纪 70 年代末开展 CAD 技术研究，主要是以二维 CAD 图纸设计为主体的应用技术开发。从 80 年代后，CAD 技术应用经历了探索、技术攻关、普及推广和深化应用等阶段。CAD 技术在我国机械行业应用较早，并得到迅速发展，取得一批重要的应用成果。

随着信息时代及全球经济一体化的到来，企业面临的挑战是必须具备新产品研制及创新能力，才能在激烈的市场竞争中生存下来，否则就会面临淘汰。实践证明，三维 CAD 技术对加速新产品开发、提高产品质量、降低成本起着关键作用，是支持企业增强创新设计，提高市场竞争力的强有力手段。

1.2　典型计算机绘图软件简介

计算机绘图依靠软件才能进行。目前流行的软件有 AutoCAD、CAXA、Pro/E、UG NX、Solid Works、Catia 等。这些软件的特点已经在很多教科书中都有介绍。下面简单介绍采用这几种软件的设计实例。

1. AutoCAD 软件

AutoCAD(Auto computer aided design)是 Autodesk(欧特克)公司于 1982 年推出的计算机辅助设计软件，用于二维绘图、设计文档和三维设计，现已经成为国际上广为流行的绘图工具。

AutoCAD 具有良好的用户界面，通过交互菜单或命令方式便可以进行各种操作。它的多文档设计环境，让设计人员能很快学会使用该软件。AutoCAD 具有广泛的适应性，可以在各种操作系统支持的计算机和工作站上运行。因此，它在全球广泛使用，可以用于机械产品设计、土木工程设计、装饰装潢设计、工业设计、电路设计、服装设计等多个领域。

图 1-2-1 为采用 AutoCAD 软件绘制的机械产品零件图样。

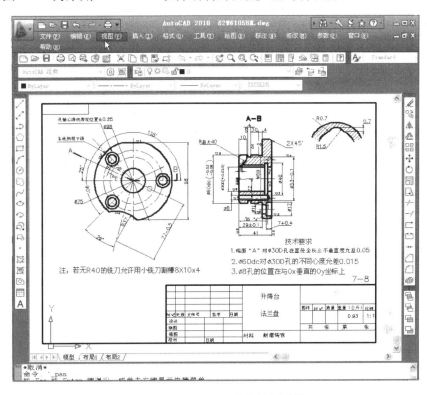

图 1-2-1　AutoCAD 软件绘制图样

2. CAXA 软件

CAXA 是北京数码大方科技股份有限公司开发的 CAD 软件，其中 CAX 表示任意的、个性化的计算机辅助设计与产品，后面的 A 为英文"always a step ahead"的缩写。CAXA 包括电子图板、三维实体设计、图文档管理等，主要提供数字化设计（CAD）、数字化制造（MES）以及产品全生命周期管理（PLM）解决方案。数字化设计解决方案包括二维及三维 CAD、工艺设计（CAPP）和产品数据管理（PDM）等。数字化制造解决方案包括 CAM、网络 DNC、MES 和 MPM 等。CAXA 软件全中文操作，编辑功能齐全，桌面清晰，操作方便。

图 1-2-2 为采用 CAXA 软件绘制的产品零件三维图样。

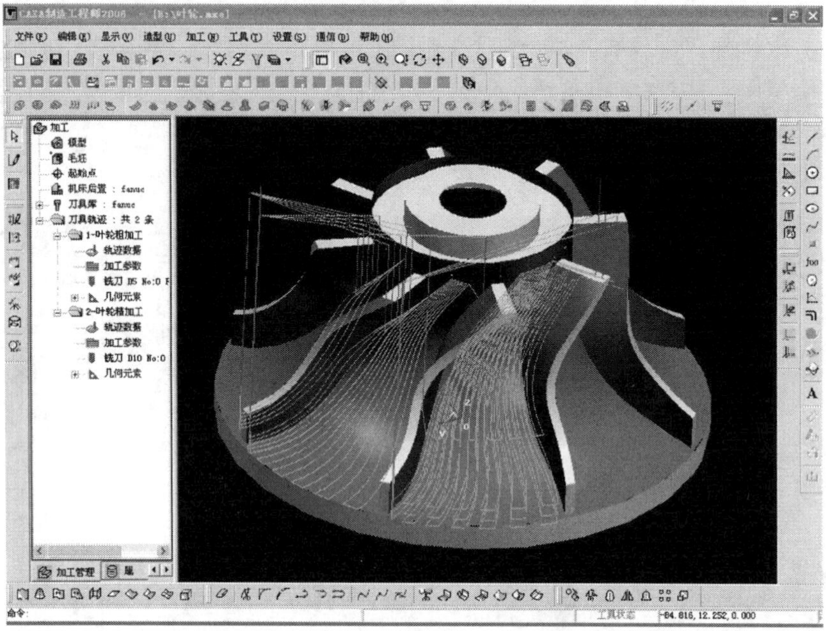

图 1-2-2　CAXA 软件绘制图样

3. Pro/E 软件

Pro/E(专业工程师)软件是美国参数技术公司(PTC)的 CAD/CAM/CAE 一体化的设计软件。该软件是参数化技术的最早应用者，在目前的三维造型软件领域有着重要地位。Pro/E 作为当今世界 CAD/CAE/CAM 领域新技术的典范，得到业界的认可和推广，是现今主流的 CAD/CAM/CAE 软件之一。

Pro/E 采用了模块方式，可以分别进行草图绘制、零件设计、装配设计、钣金设计、加工处理等。

(1) 参数化设计。

对于产品设计而言可以把它看成几何模型，而无论多么复杂的几何模型，都可以分解成有限数量的结构特征，而每一种特征，都可以用有限的参数完全约束，这就是参数化设计的基本概念。

(2) 基于特征建模。

Pro/E 基于特征的实体模型化系统，工程设计人员采用基于特征的功能来生成模型，如腔、壳、倒角及圆角等，可以先随意勾画草图，再方便地改变模型。这一功能特性给工程设计者提供了在设计上前所未有的简易和灵活。

(3) 统一数据库(全相关)。

Pro/E 建立在统一基层的数据库上，这使得每一位设计者，无论他是哪一个部门的，都可以随时对一件产品的设计进行修改工作。换言之，在整个设计过程中，任何一处发生改动，都可以反映在设计过程的相关环节上。例如，一旦工程详图有改变，NC(数控)工具路径也会自动更新；组装工程图若有任何变动，也完全同样反映在整个三维模型上。这使得设计更加优化，产品质量更高。

图 1-2-3 为采用 Pro/E 软件绘制的壳体三维造型图。

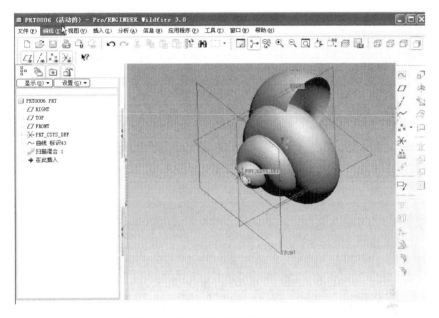

图 1-2-3　Pro/E 软件绘制三维造型图

4. UG 软件

UG NX(Unigraphics NX)是 Siemens PLM Software 公司开发的软件，它为用户的产品设计及加工过程提供数字化造型和验证手段。UG NX 针对用户的虚拟产品设计和工艺设计的需求，提供了经过实践验证的解决方案。UG NX 是一个交互式 CAD/CAM 系统，它功能强大，可以轻松实现各种复杂实体及造型的建构。

UG NX 具有三个设计层次，即结构设计(architectural design)、子系统设计(subsystem design)和组件设计(component design)。它可以开展以下工作。

(1) 工业设计。为了产品技术革新和创造性的工业设计，UG NX 提供了强有力的解决方案。利用 UG NX 建模，工业设计师能够迅速地建立和改进复杂的产品形状，使用先进的渲染和可视化工具来最大限度地满足设计概念的审美要求。

(2) 产品设计。UG NX 包括了强大、广泛的产品设计应用模块。具有专业的管路和线路设计系统、钣金模块、专用塑料件设计模块和其他行业设计所需的专业应用程序。它具有高性能的机械设计和制图功能,为制造设计者提供了高性能和灵活性,以满足设计任何复杂产品的需要。

(3) 仿真和优化。UG NX 提供数字化的仿真方法,可以确认和优化产品及其开发过程。通过在开发周期中较早地运用数字化仿真性能,可以改善产品质量,同时减少或消除对于物理样机昂贵且耗时的设计、构建,以及变更周期的影响。

(4) CNC 加工。UG NX 加工基础模块提供连接 UG 所有加工模块的基础框架,为所有加工模块提供一个相同的、界面友好的图形化窗口环境,用户可以在图形方式下观测刀具沿轨迹运动的情况,并可对其进行图形化修改。UG NX 加工后置处理模块使用户可方便地建立自己的加工后置处理程序,该模块适用于主流的 CNC 机床和加工中心。该模块在多年的应用实践中已被证明适用于2~5轴或更多轴的铣削加工、2~4轴的车削加工和电火花线切割。

图 1-2-4 为采用 UG NX 软件绘制的轴承保持器零件三维造型图。

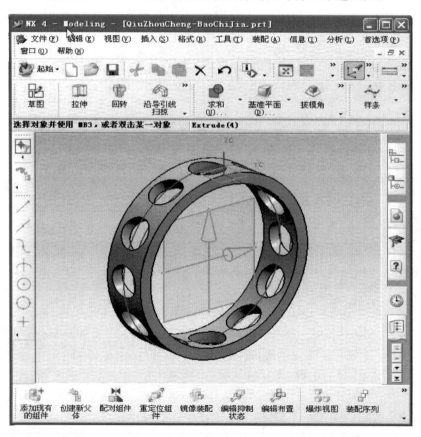

图 1-2-4　UG NX 软件绘制三维造型图

图 1-2-5 为采用 UG NX 软件绘制的轴承产品装配图。

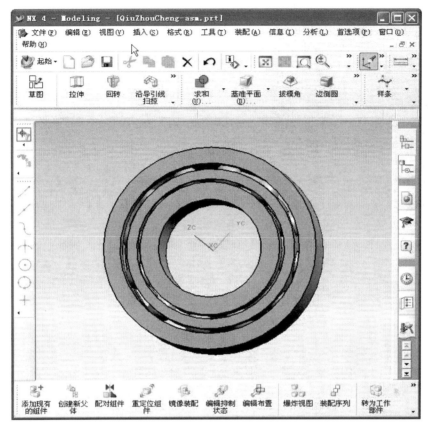

图 1-2-5　UG NX 软件绘制三维装配图

5. Solid Works 软件

Solid Works 公司于 1995 年推出第一套 Solid Works 三维机械设计软件。Solid Works 软件是世界上第一个基于 Windows 开发的三维 CAD 系统。由于使用了 Windows OLE 技术、直观式设计技术、先进的 Parasolid 内核以及良好的与第三方软件的集成技术，Solid Works 成为最好用的软件之一。它用于航空航天、食品、机械、国防、交通、模具、电子通信、医疗器械、娱乐工业、日用品/消费品、离散制造等领域。Solid Works 具有功能强大、易学易用和技术创新等特点，能够进行用户界面管理、协同工作、装配设计、工程图管理等。Solid Works 能够提供不同的设计方案、减少设计过程中的错误以及提高产品质量。图 1-2-6 为采用 Solid Works 软件绘制的电话零件三维图。

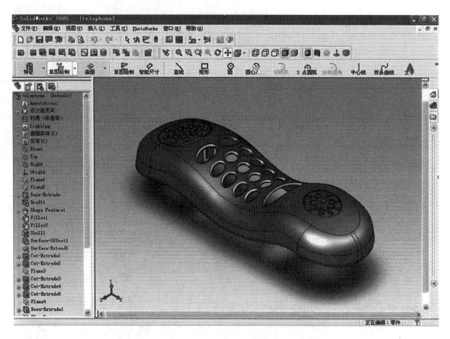

图 1-2-6　SolidWorks 软件绘制零件三维图

6. Catia 软件

Catia 是法国 Dassault System 公司旗下的 CAD/CAE/CAM 一体化软件。作为 PLM(product lifecycle management，产品生命周期管理)协同解决方案的一个重要组成部分，它可以帮助制造厂商设计他们未来的产品，并支持包括项目前期计划、具体的设计、分析、模拟、组装及维护在内的全部工业设计流程。其核心技术如下。

(1) 设计对象的混合建模：在 Catia 的设计环境中，无论实体还是曲面，都做到了真正的交互操作。

(2) 变量和参数化混合建模：在设计时，Catia 提供了变量驱动及后参数化能力。

(3) 几何和智能工程混合建模：企业可以将多年的经验积累到 Catia 的知识库中，用于指导新员工，或指导新产品的开发，缩短新型号推向市场的周期。

Catia 具有在整个产品周期内方便的修改能力，尤其是后期修改。图 1-2-7 为采用 Catia 软件绘制的足球三维模型。

图 1-2-7 Catia 软件绘制三维模型

1.3 参数化设计方法简介

20 世纪 80 年代中期,CV 公司提出了一种参数化实体造型方法。到 80 年代末,PTC(Parametric Technology Corp.)开发了 Pro/Engineer(Pro/E)的参数化软件。参数化软件的主要特点是基于产品特征、全尺寸约束、全数据相关、尺寸驱动设计修改等。参数化技术使得设计者可以通过设计参数来驱动产品零件的几何模型及装配体的建模等。与传统的建模方式相比,参数化设计将设计者从琐碎的拼凑几何元素的操作中解放出来,以少数的几个主要参数来控制产品的设计,大大简化了生成和修改零件模型的操作,提高了设计效率,从而可以更加直观地分析零件的特性,降低了设计者的工作强度。

参数化实体造型方法是使用程序完成设计。程序是自动化零件与组合件设计的一项重要工具,使用者可以通过高级的程序语言来控制零件特征、尺寸的大小、零件的个数等。当零件与组合件的程序设计完成后,读取此零件或组合件时,即可以利用问答式的方式得到各种变化情况下不同的几何形状,以实现产品参数化设计的要求。

以 Pro/E Wildfire 2.0 为例,利用其窗口功能可以方便地实现参数化设计。图 1-3-1 为在工具窗口中选择程序功能。图 1-3-2 为程序编辑、连接等窗口和选项功能。在零件或组合件的设计过程中，若已经完成零件建模和装配建模，或仍在建立模型，则 Pro/E 会随时将模型的信息写入程序。点击菜单栏的【工具】→【程序】，就会出现这些窗口和选项。

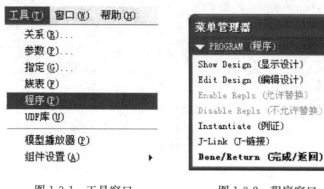

图 1-3-1　工具窗口　　　　　图 1-3-2　程序窗口

1.4　产品仿真设计方法简介

将实际工作中产品零件及组合件的状态在计算机中加以模拟，产品在实际中所遇到的各种问题就可以被发现，这称为计算机仿真。它实现在虚拟环境中模拟产品工作，从而减少了风险，缩短了设计和制造的周期，节约了投资。在分析复杂的动态对象方面，可以更加直观地观察和分析对象的运动特性，找出缺陷，加以优化。

从一般意义上讲，仿真可以理解为对一个已经存在或尚不存在但正在设计的系统进行特性研究的综合科学。仿真技术通过构造系统模型，并在该系统模型上对所关心的问题（如系统的运动规律、各部分的作用关系等）进行研究。简单来说，仿真设计是指在计算机等工具的辅助下，完成产品设计，能够使产品在模拟现实环境中运行，并对产品的运行情况作出分析。仿真技术经过半个多世纪的发展，从研究简单系统现已发展为人们研究复杂系统的有力工具。其大致经历了以下三个阶段。

（1）发展阶段。仿真技术最早出现在军事领域。第二次世界大战末期，火炮控制与飞行控制动力学系统的研究促进了仿真技术的发展。20 世纪 40 年代成功研制了第一台通用电子模拟计算机。50 年代末期到 60 年代，导弹和宇宙飞船的姿态及轨道动力学的研究，促进了仿真技术的发展。

（2）成熟阶段。20 世纪 70 年代中期，仿真技术扩展到许多领域，相继出现了一些从事仿真设备和仿真系统生产的专业化公司，如美国的 GSE 公司、E&S 公司等，使仿真技术达到了产业化阶段。70 年代末，仿真技术的发展得到了新的机遇。一方面，各国政府把投资重点转向了本国的经济建设；另一方面，随着技术进步，工业生产设备越来越复杂，操作水平要求越来越高，研制周期越来越长，而仿真技术为解决这些问题提供了一条有效的技术途径。这种技术需求推动了仿真技术快速发展。

（3）提高阶段。20世纪80年代初，以美国SIMNET（SimMlators Network）研究计划和美国三军建立先进的半实物仿真实验室为标志，仿真技术发展到了一个新的高级阶段。

由于工业系统的复杂性、大型化，出于安全性、经济性考虑，仿真技术广泛应用于工业领域的各个部门。在大型复杂工程系统（项目）建设之前的概念研究与系统的需求分析过程中，都发挥着越来越重要的作用。

仿真技术软件，如Pro/E软件是集CAD/CAM/CAE于一体的大型设计软件，其中CAE（计算机辅助分析）常用的模块有Mechanism Design eXtension（MDX）和Pro/Mechanica（Pro/M）。Pro/M包含Motion（运动分析）、Structure（结构分析）、Thermal（热力学分析）三部分，功能强大。

机构设计扩展（mechanism design extension，MDX）是Pro/E包含的运动分析模块，能够对设计进行模拟仿真的校验，如运动仿真显示、运动干涉检测、运动轨迹、速度、加速度等。MDX所创建的运动机构，既可导入Pro/M Motion中进行进一步分析，也可引入动画（Animation）模块中以创建更完善的仿真动画。

以Pro/E Wildfire 2.0为例，利用其窗口功能可以实现运动仿真。图1-4-1为在应用程序窗口中选择仿真功能。这时，就会出现在窗口的模型树和工具栏，如图1-4-2所示。选择需要的功能，则Pro/E系统随时将信息写入程序。

图1-4-1 应用程序窗口

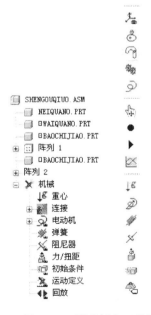

图1-4-2 模型树和工具栏

1.5　机电产品设计工程

在机械设计工程中,无论二维还是三维绘图,不仅包含零件绘图,还包括零件的制造要求、使用材料、制造质量要求等,这就是技术制图内容。

1.5.1　零件尺寸公差配合要求与图示

由于零件加工总是存在误差的,所以需要规定零件尺寸有一个允许的变化范围,这样就有了极限尺寸。如果两个零件是连接在一起工作的,需要确定连接的松紧,这就要求尺寸有一定的误差范围。

另外,考虑到零件的互换性,必须规定尺寸偏差。零件的互换性是指一批零件中的任意一个零件,都能不经修配或辅助加工而装到机器上,且能很好地满足质量要求。保证零件具有互换性,需要由设计者确定合理的配合要求和尺寸偏差大小。因此,为了实现互换性和配合松紧的要求,需要建立一种公差配合制。公差配合分为间隙配合、过渡配合和过盈配合。

对尺寸及其公差带可以采用图示方法进行说明。公差带图可以直观地表示出公差的大小及公差带相对于零线的位置。例如,尺寸 $\phi 50 \pm 0.008$、$\phi 50^{+0.024}_{+0.008}$、$\phi 50^{-0.006}_{-0.022}$(单位:mm),如图 1-5-1 所示。

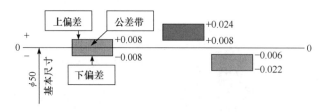

图 1-5-1　公差带图示(单位:mm)

又如,配合制选择,由于配合的情况有多种多样,可能会出现多种配合选择,这给设计带来复杂性。为了统一简化,建立了基孔制和基轴制两种选择配合的方法。不采用这种机制选择的方法称为自由配合制。

1. 基孔制

以孔为依据,基本偏差为一定的孔的公差带,选择不同基本偏差的轴的公差带形成各种不同配合的制度,称为基孔制。基准孔的基本偏差代号通常选择为"H"。配合的模式如图 1-5-2 所示。

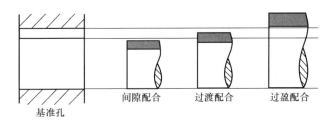

图 1-5-2　基孔制配合

在基孔制中,轴的偏差代号选择为 a—h 时,形成间隙配合;轴的偏差代号选择为 j—n 时,形成过渡配合;轴的偏差代号选择为 p—zc 时,通常形成过盈配合。

2. 基轴制

以轴为依据,基本偏差为一定的轴的公差带,选择不同基本偏差的孔的公差带形成各种不同配合的制度,称为基轴制。基准轴的基本偏差代号通常选择为"h"。配合的模式如图 1-5-3 所示。

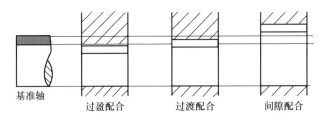

图 1-5-3　基轴制配合

在基轴制中,孔的偏差代号选择为 A—H 时,形成间隙配合;孔的偏差代号选择为 J—N 时,形成过渡配合;孔的偏差代号选择为 P—ZC 时,通常形成过盈配合。

除尺寸偏差等级外,还需要选择公差精度等级。由于配合选择非常广泛,标准 GB/T 1800.1—2009 中推荐了公差和偏差的选择。一般情况下,优先选择基孔制,这样比较经济。公差精度等级通常选择标准公差等级。

利用标准公差和极限偏差组成一种尺寸公差,在零件图上标注尺寸公差的方法有以下几种。

(1) 在基本尺寸后,标注出基本偏差代号和公差等级。这种方法精度明确,标注简单,但数值不直观。适用于量规检测的尺寸,如图 1-5-4 所示。

(2) 标注出基本尺寸及上、下偏差值(常用方法)。这种方法数值直观,用万能量具检测方便。试制单件及小批生产用此方法较多,如图 1-5-5 所示。

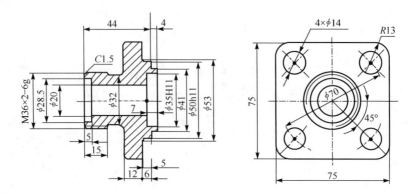

图 1-5-4 标注基本偏差代号和公差等级(单位:mm)

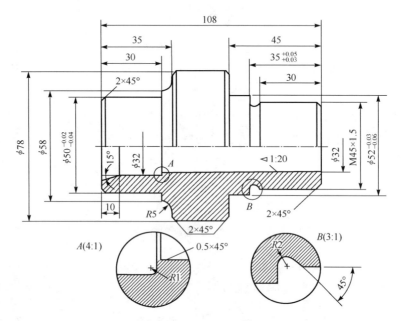

图 1-5-5 标注基本尺寸及上、下偏差值(单位:mm)

(3) 在基本尺寸后,标注出基本偏差代号、公差等级以及上、下偏差值,偏差值要加上括号。这种方法既明确配合精度又有公差数值,适用于生产规模不确定的情况,如图 1-5-6 所示。

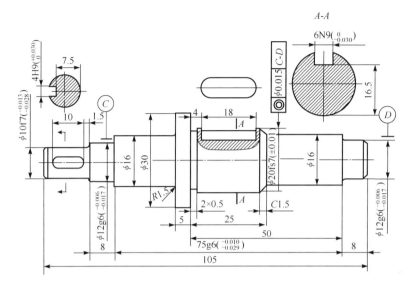

图 1-5-6 标注基本偏差代号、公差等级及上、下偏差值(单位:mm)

1.5.2 零件形位公差要求与图示

零件上被测要素的实际形状与其理想形状的变动量称为形状误差,形状误差的最大允许值称为形状公差。零件上被测要素的实际位置与其理想位置的变动量称为位置误差,位置误差的最大允许值称为位置公差。形状和位置公差又称为形位公差。此外,还有方向公差、跳动公差。形位公差、方向公差和跳动公差总称为几何公差。

标准 GB/T 1182—2008 规定了形位公差的标注方法,部分形位公差的标注方法如图 1-5-7 所示。图 1-5-8 为典型的形位公差的标注实例。

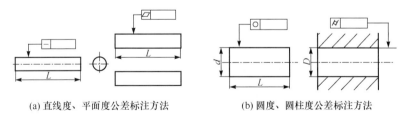

(a) 直线度、平面度公差标注方法　　　　(b) 圆度、圆柱度公差标注方法

图 1-5-7 形位公差标注

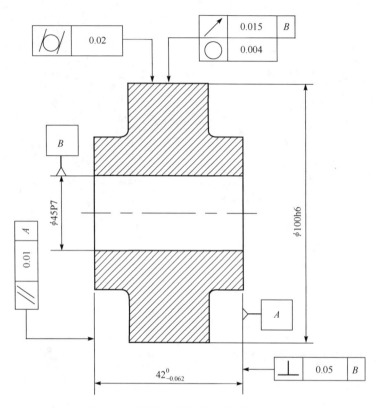

图 1-5-8　形位公差标注实例（单位：mm）

1.5.3　零件表面质量要求与图示

根据标准 GB/T 131—2006，零件表面结构质量要求包括表面粗糙度、表面波纹度、表面纹理、表面缺陷以及表面几何形状的总的要求。表面粗糙度是最主要的质量要求。

标准 GB/T 1031—2009 给出了表面粗糙度的评定取值。表面粗糙度参数的单位是 μm。常用的范围为 $R_a=0.025\sim6.3\mu m$，$R_z=0.1\sim25\mu m$。表 1-5-1 给出了主要的粗糙度评定值，此外还有补充系列值。

表 1-5-1　评定面粗糙度参数值（摘自 GB/T 1031—2009）（单位：μm）

轮廓算术平均偏差 R_a 标准值	0.012	0.025	0.05	0.1	0.2
	0.4	0.8	1.6	3.2	6.3
	12.5	25	50	100	

续表

轮廓最大高度 R_z 标准值	0.025	0.05	0.1	0.2	0.4
	0.8	1.6	3.2	6.3	12.5
	25	50	100	200	

表面粗糙度符号和标注方法由标准作出了规定。标准 GB/T 131—2006 规定的表面粗糙度符号如表 1-5-2 所示。

表 1-5-2 新旧粗糙度标注对照

图形标注 GB/T 131—2006	图形标注 GB/T 131—1993	说明
R_a 1.6	1.6	采用去材料,单向上限,轮廓算术平均偏差为 1.6μm,评定长度为 5 个取样长度,允许 16% 超差规则
R_z 3.2	R_y 3.2	采用去材料,单向上限,轮廓最大高度为 3.2μm,评定长度为 5 个取样长度,允许 16% 超差规则
U R_a 3.2 L R_a 1.6	3.2 1.6	采用去材料,上限轮廓算术平均偏差为 3.2μm,下限轮廓算术平均偏差为 1.6μm,评定长度为 5 个取样长度,允许 16% 超差规则
0.025-0.8 R_a 1.6	无	采用去材料,单向上限,轮廓算术平均偏差为 1.6μm,传输带 0.025~0.8mm,评定长度为 5 个取样长度,允许 16% 超差规则
铣 R_a 1.6 R_z 3.2 M	铣 1.6 R_y 3.2 M	采用铣削加工,轮廓算术平均偏差为 1.6μm,轮廓最大高度为 3.2μm,评定长度为 5 个取样长度,允许 16% 超差规则,默认传输带
U R_{amax} 3.2 L R_a 0.8	3.2 max 0.8	不去材料,最大上限轮廓算术平均偏差为 3.2μm,下限轮廓算术平均偏差为 0.8μm,评定长度为 5 个取样长度,允许 16% 超差规则

表面粗糙度的标注方法是:粗糙度符号中的数字方向应与尺寸数字的方向一致;符号的尖端必须从材料外指向表面。在同一图样上每一表面只标注一次粗糙度符号,且应标注在可见轮廓线、尺寸界线、引出线或它们的延长线上,并尽可能靠近有关尺寸线。当零件的大部分表面具有相同的粗糙度要求时,对其中使用最多

的一种符号,可统一注在图纸上。图 1-5-9 为典型的结构表面粗糙度标注方法。更多的标注内容可以查看标准 GB/T 131—2006。

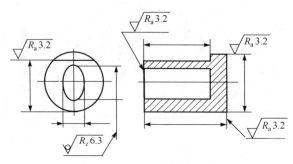

图 1-5-9　表面粗糙度标注

零件的技术要求是对零件加工完成后需要达到的质量要求。因此,每个零件都应有技术要求。只是有时零件比较简单,省略标注技术要求。零件图中的技术要求包括:①表面质量要求;②形状与位置误差要求;③尺寸极限与配合。

1.5.4　零件制造方法选择与表示

零件设计的最终目的是实现零件制造。因此,了解零件制造的基本方法和要求对设计是非常重要的。否则,设计的零件可能无法制造,也就达不到设计的真正目的。制造零件首先需要确定材料,因此对材料的了解是必不可少的。零件材料确定后,制造方法和其他方面的要求也要与之相适应。在图纸标题栏中要写明零件的材料。

1. 机械零件材料

制造零件的常用材料有铸铁、钢材、有色金属和高分子材料。通过《材料设计手册》可以查到各种材料的牌号、性能参数和用途。例如,工程塑料是一类高分子材料,机械零件越来越多地采用工程塑料来制造。表 1-5-3 列出了几种工程塑料的用途。

表 1-5-3　常用工程塑料

名称	牌号	应用举例	说明
耐酸碱橡胶板	2030	耐酸碱垫	板材
	2040		
耐油橡胶板	3001	耐油垫	板材
	3002		

续表

名称	牌号	应用举例	说明
耐热橡胶板	4001	耐热垫	板材
	4002		
酚醛层压板	3302-1	结构材料用于机械零件	板材
	3302-2		
聚四氟乙烯树脂	SFL-4-13	密封耐磨垫	棒材
有机玻璃		透明零件	板材
尼龙	尼龙6	用于机械零件	棒材
	尼龙9		
	尼龙66		
	尼龙610		
	尼龙1010		
MC尼龙		大型零件	棒材
聚甲醛		抗磨损零件	棒材
聚碳酸酯		耐冲击零件	棒材

2. 零件制造方法表示

零件的制造方法分为：①铸造；②锻造；③冲压；④切削；⑤焊接；⑥塑料成型等。在制造工艺学中可以找到这些制造方法的知识和适用场合。

例如，焊接零件在制图中的专门表达方法，主要是对焊缝的表达，即采用符号来表达焊缝。表1-5-4列出了几种常见的焊缝表达方法。更多的标注方法可以查看标准GB/T 324—2008。

表 1-5-4 焊接结构标注示例

名称	图示	符号	标注方法
I型焊缝		‖	

续表

名称	图示	符号	标注方法	
V型焊缝		V		
带钝U型焊缝		Y		
X型焊缝		×		
角焊缝		▷		

1.5.5 二维工程图样举例

机电产品经过三维造型设计之后,还需要将它转化为工程图纸。工程图纸是工程技术人员表达设计思想、进行技术交流的工具。技术制图内容是国家制图标准的规定内容。不同的国家要求不尽相同。需要注意的是,我国的工程图纸必须遵守国家制图标准的规定。

国家颁布的有关技术制图的标准有很多,它们规定了技术制图的基本要求,绘图时必须严格遵照执行。国家标准(简称国标)分为强制性执行的标准(代号为"GB")、推荐性标准(代号为"GB/T")和指导性标准(代号为"GB/Z")。国家标准采用代号表示。例如,规定图纸幅面大小的标准代号为"GB/T 14689—2008";标准GB/T 10609.1—2008规定了标题栏的要求、内容和尺寸;标准GB/T 14690—1993规定了优先采用的系列值;标准GB/T 17450—1998规定了15种基本线型;标准GB/T 4457.4—2002推荐了9种图线宽度值;标准GB/T 4458.4—2003规定了尺寸注法等。

1. 轴类零件

轴类零件的视图选择多考虑轴在加工时的位置,轴线水平放置。轴为柱体,以主视图为主,其他视图可能选取断面图,或表达键槽局部结构的放大图。轴的尺寸标注主要是长度尺寸和直径尺寸。选择一端为主要基准,另外一端为辅助基准。技术要求一般有配合面的尺寸公差要求、表面粗糙度要求、热处理要求等,见图 1-5-10。

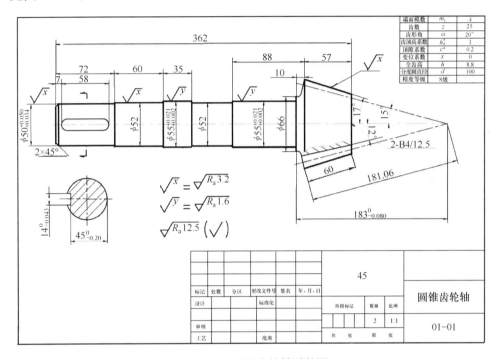

图 1-5-10 圆锥齿轮轴零件图

2. 支座类零件

支座类零件主要起支撑作用,其结构一般有轴承孔、底板、支承板、肋板、凸台等。支座类零件的视图选择多考虑它的工作位置。主视图主要表达圆筒、支承板、肋板、底板、螺孔、凸台。其他视图表达轴承孔、底板形状、支承板形状、肋板断面形状、凸台形状等。有些部位需要剖视和局部视图表达。尺寸标注要考虑定形尺寸和定位尺寸。尺寸基准多选择支座底面和对称面。技术要求包括配合尺寸公差、表面粗糙度等,见图 1-5-11。

3. 盘体类零件

盘体类零件主要形状为扁圆形,多作为端盖使用。其上有多种孔和定位台阶等结构,见图 1-5-12。

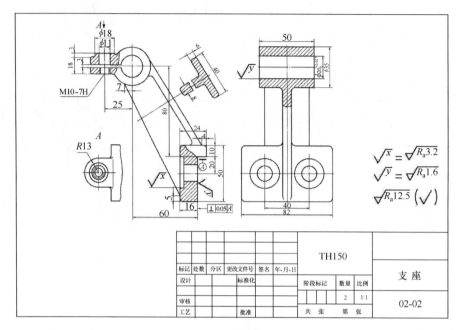

图 1-5-11　支座零件图

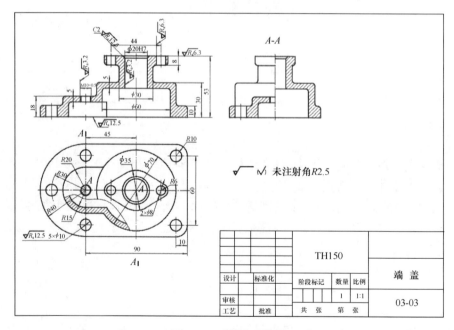

图 1-5-12　端盖零件图

4. 箱壳体类零件

外壳类零件主要起保护和支撑作用,通常内部结构比较复杂。以齿轮箱壳体为例,见图1-5-13。

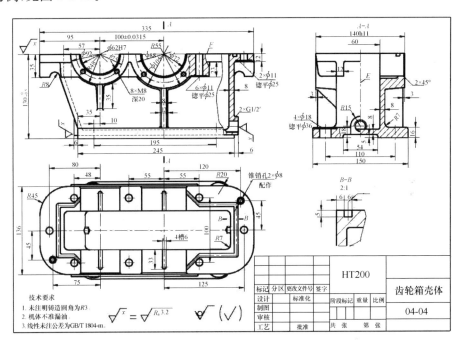

图 1-5-13　齿轮箱壳体零件图

第 2 章　机械基础件的三维造型设计与运动仿真

2.1　机械基础件介绍

机械产品的零件多种多样，如图 2-1-1 所示的汽车产品零件。为了在机器或

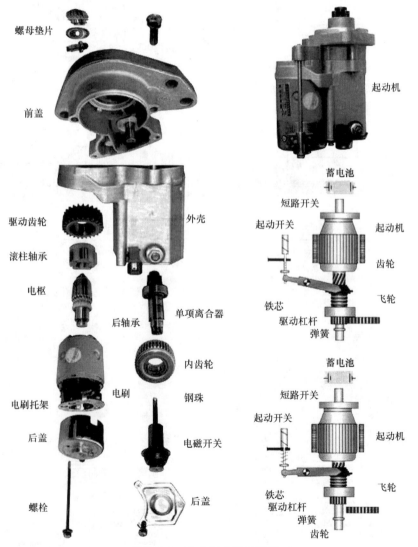

图 2-1-1　汽车起动机的零件

部件的设计、制造和使用中方便,有些零件的结构和尺寸已全部实行了标准化,这些零件称为标准件,如螺栓、螺母、螺钉、垫圈、键、销、轴承等。还有些零件的结构和参数实行了部分标准化,这些零件称为常用件,如齿轮和蜗轮蜗杆等。对这些标准化的零件在绘图时必须按照标准要求进行。这些标准件和常用件又称为机械基础件。本章介绍机械基础零件的三维造型方法。

2.2 螺纹零件三维造型设计

2.2.1 丝杆三维造型设计

利用 Pro/E 软件进行三维设计绘图。首先,打开软件 Pro/E。在【文件】菜单中选取【新建】选项,打开【新建】对话框,可以自行设定新建名为"sigan"的文件,使用系统提供的默认模板,进入三维建模环境。

设计的丝杆内径为 ϕ10mm、外径为 ϕ15mm、节距为 5mm、长度为 610mm。

1. 创建第一个拉伸实体特性

(1) 在工具箱中点击 按钮,或者在菜单中选取【拉伸】选项,打开设计图标板,在图标板中点击【放置】按钮,打开参照面板,点击其中的【定义】按钮,打开【草绘】对话框。

(2) 选择基准平面 RIGHT 作为草绘平面,使用系统默认参照放置草绘平面,进入二维草绘模式。在草绘平面内绘制图 2-2-1 所示的丝杆截面图形,完成后在右工具箱中点击 按钮,退出二维草绘模式。拉伸长度输入 610mm。

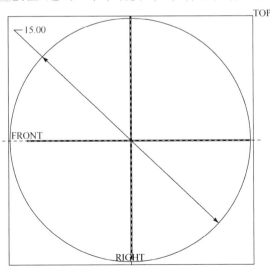

图 2-2-1 RIGHT 面草绘图

2. 创建螺纹实体特性

(1) 在【插入】菜单中选取【螺旋扫描】中的【伸出项】选项,打开【菜单管理器】。点击【完成】按钮,出现【伸出项螺旋扫描】菜单,点击【菜单管理器】中【完成】项。选取 TOP 面作为绘制轨迹的平面,点击正向默认设置,进入二维绘图平面,得到图 2-2-2 所示的图形。完成后在右工具箱中点击 ✓ 按钮退出二维草绘模式。

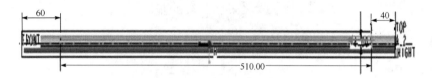

图 2-2-2　TOP 面草绘图

(2) 设置节距为 5mm,点击 ✓ 按钮。然后草绘截面,截面的尺寸为 4mm×2mm,点击 ✓ 按钮。再点击【伸出项螺旋扫描】菜单中的【确定】按钮,完成丝杆的绘制。丝杆实体造型如图 2-2-3 所示。

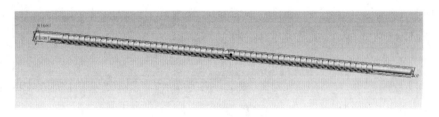

图 2-2-3　丝杆实体造型

2.2.2　螺旋机构三维造型设计

设计的螺旋机构是用来支撑和调距的,它主要由四部分组成:螺杆、机架、支架和轴承座。

1. 螺杆三维设计

1) 螺杆类型与尺寸

螺杆外螺纹的类型为梯形螺纹,外螺旋大径 $D=30$mm,外螺旋小径 $D_1=19$mm,外螺旋中径 $D_2=25$mm,螺距 $P=10$mm,总长度 $L=500$mm,螺旋的头数 $z=1$,导程 $S=P×z=10$mm,压力角 $α=30°$。

2) 螺杆的三维绘图

利用 Pro/E 软件,螺杆的画法用到的两个不同命令是旋转和螺旋扫描命令。具体步骤如下:

(1) 选择公制单位模板"mmns_part_solid",点击【旋转】命令,【草绘】与【定义】,选择 FRONT 面为草绘平面。

(2) 画出中心线,这是很关键的一步,所画出的中心线即旋转轴,然后画出旋转体。需要说明的是,旋转体一定是封闭的,而且不能有相交线,所有的旋转面只能位于中心轴的一侧。草绘图如图 2-2-4 所示。

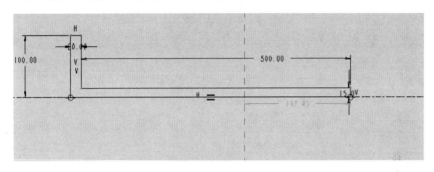

图 2-2-4　草绘图

(3) 点击 ✔ 按钮完成草绘命令,选择旋转角度为 360°,回车后生成的图形如图 2-2-5 所示。

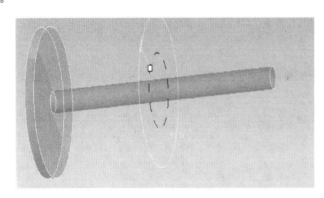

图 2-2-5　预览图

(4) 用【拉伸】命令在转盘面上拉伸三个均匀分布的孔,孔的直径为 ϕ40mm。孔的作用是可以在转动螺杆时,把手放在孔内进行摇动,也可以减轻螺杆的重量。

(5) 倒圆角。在转盘的边缘部位要倒圆角,而且是完全倒圆角,具体步骤如下:

① 点击【倒圆角】命令,点开【设置】按钮;

② 按 Ctrl 键分别选择转盘两边的面,然后选择要生成圆角的壁即可,如图 2-2-6 所示,点击 ✔ 按钮即可生成图形。

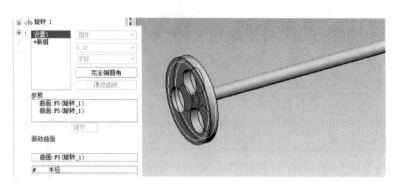

图 2-2-6　完全倒圆角

(6) 倒角,在旋杆的末端倒角。将倒角的尺寸设为 3mm。

3) 绘制螺纹

在螺杆上设计螺纹,需要用螺旋扫描命令来完成。

(1) 在【插入】下拉菜单中选择【螺旋扫描】→【切口】命令(图 2-2-7),弹出一个对话框,如图 2-2-8 所示。点击【完成】进入【设置草绘平面】命令,选择 TOP 面依次弹出的命令菜单,分别选择【正向】→【缺省】,如图 2-2-9 所示。然后关闭参照对话框,进入草绘。

(2) 在草绘图中沿螺杆的中心画一条中心线,然后在螺杆的表面上画一条扫描轨迹线,扫描迹线应与实际螺纹的总长度相一致。画好后点击 ✓ 按钮,输入【节距值】为 10mm,进入截面草绘。

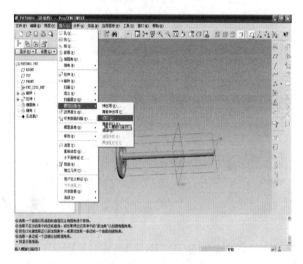

图 2-2-7　螺旋扫描　　　　　　　　图 2-2-8　选择螺纹类型

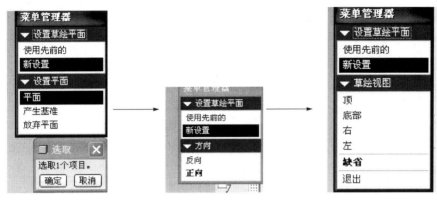

图 2-2-9　设置平面和方向

(3) 绘制好切口尺寸后退出,在方向上选择【正向】,点击【预览】可以检测生成的图形,确认无误后,点击【确定】即可完成螺纹的创建。创建好的图形如图 2-2-10 所示。

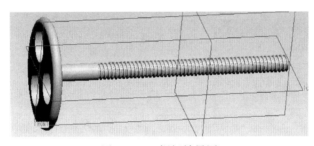

图 2-2-10　螺杆效果图

2. 机架三维设计

机架上设有滑板,滑板上有支架可以在机架上滑动,滑动的力来自螺杆的传动,带动支架的平移。

(1) 开启 Pro/E 软件,显示 Pro/E 软件的工作界面。

(2) 启动文件,在【文件】菜单下,设置工作目录,将工作目录建在要放置文件的文件夹中。

(3) 点击【新建】,输入名称"JIJIA",取消勾选"使用缺省模板",点击【确定】,出现另一界面,选择公制单位模板"mmns_part_solid",如图 2-2-11 所示。

(4) 选择【拉伸】命令,依次点击【放置】→【草绘】→【定义】,如图 2-2-12 所示,选择 FRONT 面为草绘平面,默认参照面为 RIGHT 面,视图方向为右,点击【确定】进入草绘平面。

(5) 用绘图菜单中的各项命令绘制出草绘图,点击 ✓ 按钮完成草绘。

（6）在【拉伸】深度中输入500mm，点击 ✓ 按钮完成这一拉伸命令，得到如图2-2-13所示的预览图。

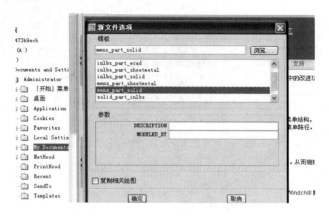

图2-2-11　选择模板

图2-2-12　选择草绘和参照平面　　　　　图2-2-13　预览图

（7）在导轨面上同样拉出一个面，用来放置转动副。

（8）在刚拉出的面上打一个通孔，首先点击【孔】命令按钮，在要打孔的面上点击鼠标左键，会出现一个圆孔和四个手柄，分别是两个定位手柄和控制直径以及深度的手柄，控制这四个手柄，更改上面的尺寸，就可以完成打孔任务，如图2-2-14所示。

（9）在边缘部位倒角。

（10）在导轨上用拉伸命令拉出四个孔，用来装配螺栓。最终完成的效果图如图2-2-15所示。

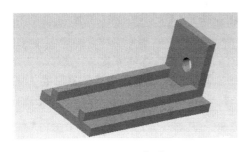
图 2-2-14　打孔

图 2-2-15　机架效果图

3. 支撑架三维设计

支撑架上有轴承座，上端安装轴承，下端与螺杆配合的部分有螺旋副，最下端和机架上的导轨匹配，可以在上面平稳地移动。

设计的支撑架如图 2-2-16 所示。需要说明的是螺旋副部分，即与螺杆相配合的内螺纹。内螺纹与螺杆相配，它的一些参数也要和螺杆保持一致。

图 2-2-16　支撑架效果图

4. 螺旋机构的装配

首先介绍 Pro/E 中的装配命令，装配就是按照一定的约束把各个零件组合到一起，装配约束主要有以下几个命令。

装配的类型有两种：【放置】和【连接】。【连接】主要是在动态分析时使用，在一般装配图中，多使用【放置】方式，【放置】的装配方式有以下十种约束方式。

（1）匹配：将所选的两个装配元件的平面或者基准面匹配在一起，两平面的法线方向相反，两平面之间可以完全紧贴在一起，也可以有一定的距离。

(2) 对齐:将所选的两个装配元件的平面或基准平面对齐,两个平面的法线方向相同,两个平面之间可以保持同一水平,也可以有一定的距离。

(3) 插入:将一个旋转曲面插入另一个旋转曲面,旋转特征的中心轴对齐。

(4) 相切:以相切的方式将已选的两个装配平面或者装配曲面连接在一起。

(5) 坐标系:将所选的两个装配元件的坐标系对齐,即两个元件对应的 X、Y、Z 轴对齐,单此约束可保证元件处于完全约束状态。

(6) 直线上的点:将所选的两个装配元件的直线与点接触对齐,用此约束来装配元件。此直线可以是零件上或装配件上的一条边,也可以是一条轴线,还可以是一条基准曲线。此点可以是零件上的一个基准点,也可以是一个顶点。

(7) 曲面上的点:将所选的两个装配元件的面与点接触对齐,用此约束来装配元件。

(8) 曲面上的边:将所选的两个装配元件的面与边接触对齐。此面可以是零件上或装配件上的一个基准平面,也可以是一个曲面;此边是零件或装配件上的一条边。

(9) 默认:系统自动选择适当的约束对其进行装配。一般情况下,引入装配零件中的第一个零件时,常使用该约束方式。

(10) 固定:用于将零件固定在图形设计区的当前位置。

在以上十种约束方式中,匹配、对齐和插入三种约束用得最多。下面就以螺旋机构的装配为例,简单介绍其装配过程。

螺旋机构的装配具体步骤如下。

(1) 设置工作目录,如图 2-2-17 所示,把工作目录设置到"F:\螺旋机构"文件夹中。

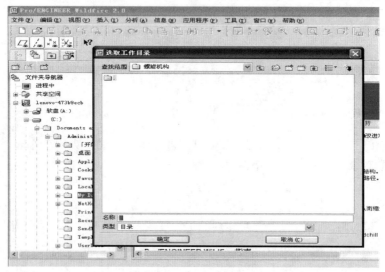

图 2-2-17　设置工作目录

(2)点击【新建】,选择【组件】,输入名称"LUOXUANJIGOU",取消勾选"使用缺省模板",然后选择公制单位模板"design_asm_mmns",如图 2-2-18 和图 2-2-19 所示。

图 2-2-18　新建组件菜单

图 2-2-19　选择公制单位模板

(3)进入装配界面,选择右侧工具栏 命令,打开零件"JIJIA",出现如图 2-2-20 所示的界面,点击 ![] 按钮,选择默认方式放置,点击【确定】。

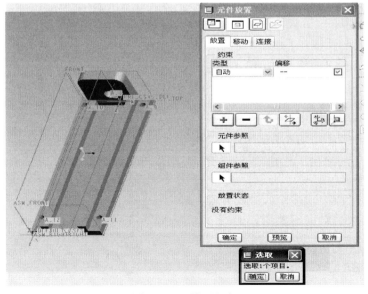

图 2-2-20　放置机架

（4）再次点击按钮，打开"JIAZI2"。按 Ctrl 加 Alt 及鼠标中键，可以旋转该装配零件；按 Ctrl 加 Alt 及鼠标右键，可以移动该装配零件。用三个【匹配】命令将零件约束成如图 2-2-21 所示的状态，注意要选择适当的面。当放置状态显示成"完全约束"时，装配成功，点击【确定】。

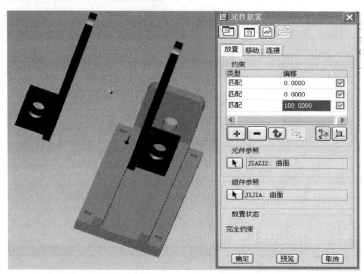

图 2-2-21　添加架子

（5）添加"螺杆"，点击按钮，打开"LUOGAN"，在【放置】栏中，首先选择【插入】项，然后选择"LUOGAN"的圆柱面和"JIJIA"上孔的圆柱面，这样可以将螺杆进行大体的定位。下一步选择【对齐】约束，选择转盘的表面和机架壁的侧面，对齐的距离设为 50mm，约束显示为"完全约束"，装配完毕，如图 2-2-22 所示。

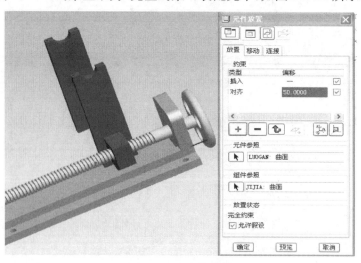

图 2-2-22　安装螺杆

(6) 安装轴承座。轴承座安装在支架上面,其安装步骤与螺杆的安装几乎完全一样,不同的是它还要选择一个匹配约束,将轴承座的表面与"JIAZI2"的上表面对齐约束,如图 2-2-23 所示。

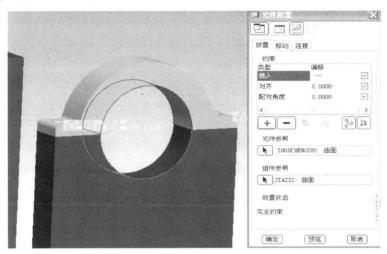

图 2-2-23 轴承座安装

(7) 分别在图中选中"LUOGAN"和"ZHOUCHENGZUO",打开【编辑】、【重复】命令,弹出一个对话框,在可变组件参照中选择要添加的约束,然后选"添加"完成该零件的复制。复制以后的图形如图 2-2-24 所示。

图 2-2-24 螺旋机构装配效果图

2.3 齿轮零件三维造型设计

2.3.1 渐开线齿轮参数

齿轮传动是机械传动中最重要的传动形式之一。它的主要特点为效率高、结构紧凑、工作可靠、寿命长、传动比稳定。它的失效形式主要为轮齿折断、齿面磨损、齿面点蚀、齿面胶合、塑性变形等。在工作情况下,齿轮必须具备足够的强度,以保证在整个工作寿命期间不致失效。设计一般的传动齿轮的原则是保证齿根弯曲疲劳强度及保证齿面接触疲劳强度。

齿轮的主要参数包括模数 m、压力角 α、齿数 z、齿宽 B 等。这些参数的计算公式可以参考有关设计手册。表 2-3-1 列出了圆柱齿轮主要参数计算公式。图 2-3-1 给了圆柱齿轮的尺寸图示。

表 2-3-1 标准直齿圆柱齿轮各部分尺寸关系

名称及代号	计算公式	名称及代号	计算公式
模数 m	m(选择)	齿根圆直径 d_f	$d_f = m(z-2.5)$
齿数 z	z(选择)	压力角 α	$\alpha = 20°$
齿顶高 h_a	$h_a = m$	齿距 p	$p = \pi m$
齿根高 h_f	$h_f = 1.25m$	齿宽 B	$B = \beta d$
分度圆直径 d	$d = mz$	齿间 e	$e = p/2 = \pi m/2$
齿顶圆直径 d_a	$d_a = m(z+2)$	中心距 a	$a = (d_1+d_2)/2 = m(z_1+z_2)/2$

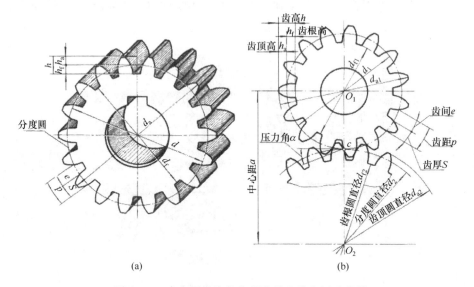

图 2-3-1 直齿圆柱齿轮各部分的名称和尺寸代号

为了能够绘制齿轮图,必须给出齿轮的尺寸值。表 2-3-2 列出了标准直齿圆柱齿轮具体的尺寸值。

表 2-3-2　标准直齿圆柱齿轮各部分尺寸（单位：mm）

名称及代号	计算结果	名称及代号	计算结果
模数 m	2.5	齿根圆直径 d_f	43.75
齿数 z	$z_1=20, z_2=50$	齿形角 α	20°
齿顶高 h_a	2.5	齿距 p	7.854
齿根高 h_f	3.125	齿宽 B	16
分度圆直径 d	50	齿间 e	3.927
齿顶圆直径 d_a	55	中心距 a	87.5

2.3.2　齿轮零件参数化设计

利用 Pro/E 软件中的【方程曲线】（Equation）和【关系】（Relation）、【阵列】（Pattern）及【程序】（Program）等功能，可以实现渐开线直齿圆柱齿轮的参数化造型。输入模数、齿数、压力角、齿宽等参数后，即可生成相应的齿轮三维图形。下面介绍具体的方法及步骤。

1. 选择基准轴

首先，进入 Pro/E 软件的界面，选择【文件】→【新建】→【零件】。在工具栏中点击【插入】→【基准轴】。选取 FRONT/RIGHT 面的交线做轴 A_1，见图 2-3-2，点击【确定】。

2. 输入参数

点击【工具】→【参数】，添加如下参数（图 2-3-3）：

M=2.5（模数）
z=20（齿数）
ALPHA=20（压力角）
B=16（齿宽）
HAX=1.0（齿顶高系数）
CX=0.25（顶隙系数）
X=0（变位系数）
II=7（第二组精度系数，此数决定修缘系数）

图 2-3-2　选择平面的交线

图 2-3-3　确定参数

3. 做圆曲线

进入草绘状态,在草图中任意画出从小到大的 4 个圆,做完后修改各圆直径尺寸名称,从小到大依次改为 DF、DB、D、DA(依次为齿根圆、基圆、分度圆、齿顶圆),如图 2-3-4 所示。

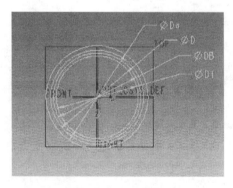

图 2-3-4　草绘图

在【工具】→【关系】菜单中加入以下关系:

D=M*Z
DB=D*COS(ALHPA)
HA=(HAX+X)*M

```
HF=(HAX+CX-X)*M
DA=D+2*HA
DF=D-2*HF
```

4. 做渐开线曲线(齿形线)

点击【曲线】→【从方程/完成】,选取系统默认坐标系 PRT-CSYS-DEF-笛卡儿坐标。输入如下方程:

```
R=DB/2
THETA=T*45
X=R*COS(THETA)+R*SIN(THETA)*THETA*PI/180
Z=R*SIN(THETA)-R*COS(THETA)*THETA*PI/180
```

生成如图 2-3-5 所示曲线。

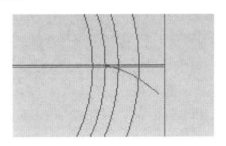

图 2-3-5　渐开线

5. 选择基准点

点击【插入】→【基准点】,见图 2-3-6。选择渐开线与分度圆的交点作为基准点,如图 2-3-7 所示。

图 2-3-6　选择基准点

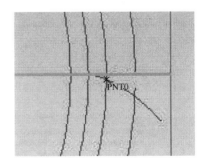

图 2-3-7　渐开线基准点

6. 选择基准面

点击【插入】→【基准平面】,选择过轴 A_1 与基准点 PNT0 的面 DTM1 为基准面,如图 2-3-8 所示。

7. 选择镜像基准面

过轴 A_1,与面 DTM1 成 30°角,建立镜像基准面 DTM2。修改 30°角度尺寸的名称为 ANGLE1,并加入关系式:ANGLE1=360/(4z),得到图 2-3-9 所示的镜像基准面。

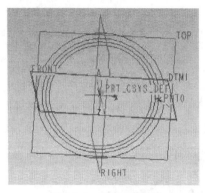 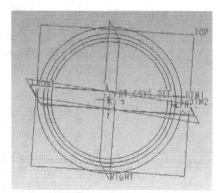

图 2-3-8　选择基准面　　　　图 2-3-9　镜像基准面

8. 镜像渐开线

以面 DTM2 为镜像面,镜像第 4 步做出的渐开线,如图 2-3-10 所示。镜像后要重定义镜像生成的渐开线,在【方程】中加入关系式:$R=DB/2$。

9. 绘制圆柱

以 DF 圆为草绘基础,进行拉伸命令绘制圆柱。修改拉伸高度尺寸名称为 WB,在【工具】→【关系】中加入关系式:$WB=B$,得到图 2-3-11 所示的图形。

 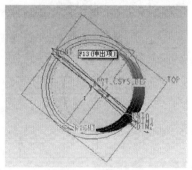

图 2-3-10　镜像渐开线　　　　图 2-3-11　拉伸圆柱

10. 齿形拉伸

在 TOP 面上绘制草图如下:SD57 为齿根形状,SD77/SD76 为齿顶修缘。拉伸后修改尺寸名称,SD57 对应的尺寸名称改为 RF,SD77/SD76 对应的尺寸名称分别改为 CHAMFER_L、CHAMFER_W。

在【工具】→【关系】中加入如下表达式:

```
RF=0.38*M
CHAMFER_L=0.45*M
CHAMFER_W=E*M(E 是修缘系数,要在 CHAMFER_W=E*M 这一行之前定义)
IF II==7
  IF M>=2&M<=2.5
    E=0.015
    ELSE
    IF M>=2.75&M<=3.5
      E=0.012
      ELSE
      IF M>=3.75&M<=5
        E=0.01
        ELSE
        IF M>=5.5&M<=7
          E=0.009
          ELSE
          IF M>=8&M<=11
            E=0.008
            ELSE
            IF M>=12&M<=20
              E=0.007
              ELSE
              E=0.006
            ENDIF
          ENDIF
        ENDIF
      ENDIF
    ENDIF
  ENDIF
ENDIF
IF II==8(下面的内容与 IF II==7 相同,省略)
```

绘制的渐开线齿的图形如图 2-3-12 所示。

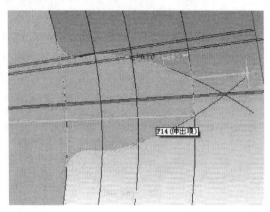

图 2-3-12　渐开线齿

11. 复制齿

用旋转的方式复制出一个齿,产生一个角度尺寸,修改这个角度尺寸的名称为 ANGLE2,加入关系式:ANGLE2＝360/z。绘制的图形如图 2-3-13 所示。

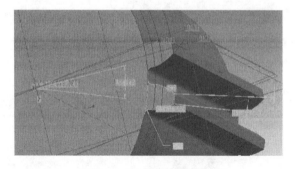

图 2-3-13　复制渐开线齿

12. 阵列齿

阵列复制出所有的齿。先任意阵列,阵列生成后,修改阵列增量尺寸的名称为 ANGLE_DELTA,修改阵列数尺寸的名称为 PATTERN_NUM。再加入关系式:

```
ANGLE_DELTA=ANGLE2
PATTERN_NUM=z-1
```

绘制的图形如图 2-3-14 所示。

13. 编制程序

点击【程序】→【编辑程序】，在 INPUT 和 END INPUT 中加入：

M NUMBER	"请输入模数:"
z NUMBER	"请输入齿数:"
ALPHA NUMBER	"请输入压力角:"
B NUMBER	"请输入齿宽:"
HAX NUMBER	"请输入齿顶高系数:"
CX NUMBER	"请输入顶隙系数:"
X NUMBER	"请输入变位系数:"
II NUMBER	"请输入第二组精度等级(6/7/8):"

然后点击【完成】。再选取菜单中的【零件】→【再生】，按照以上参数逐个输入具体参数值，即可改变齿轮的尺寸。至此，参数化的齿轮完成，最终生成的齿轮如图 2-3-15 所示。

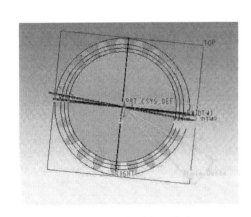
图 2-3-14 阵列渐开线齿

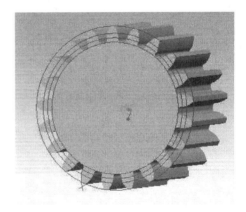
图 2-3-15 渐开线齿轮

第二个齿轮同样按以上步骤作参数化设计（具体步骤略）。

2.3.3 齿轮其他结构设计

齿轮中心打通孔。在齿轮中心打直径为 $\phi 20mm$ 的通孔，并在通孔的端面倒角 C1。

齿轮的轮毂上设计键槽。在轮毂上设计宽为 6mm、距圆心尺寸为 12mm 的键槽。在齿轮的端面建立草图，绘制键槽轮廓线。拉伸操作：选择拉伸曲线为键槽轮廓线；拉伸方向：Z 轴方向；拉伸距离：$B=16mm$；布尔运算为求差。最终得到如

图 2-3-16 所示的齿轮。

图 2-3-16　齿轮中心孔

2.3.4　齿轮工程图

对于齿轮制造而言,还应有二维设计图。从 Pro/E 软件中可以直接生成二维设计图,但这种二维设计图不完全符合我国的设计规范要求,必须作适当的修改。修改的方法有多种,可以将这种二维图导出为 AutoCAD 可以识别的文档,再利用 CAD 软件进行必要的修改。图 2-3-17 是修改后符合国家标准的齿轮工程设计图。

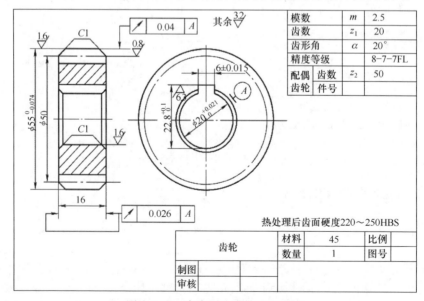

图 2-3-17　直齿圆柱齿轮的工程图

2.4 齿轮组件啮合运动仿真

2.4.1 齿轮组组装

完成了两个齿轮的零件参数绘图后,接下来的任务就是齿轮的装配。具体步骤如下。

1. 建立新的装配图

点击【文件】→【新建】→【组件】→【设计】,使用默认模板。在【参数】中加入零件所用到的参数:

m=2.5(模数)
z=20(齿数)
ALPHA=20(压力角)
B=16(齿宽)
HAX=1.0(齿顶高系数)
CX=0.25(顶隙系数)
X=0(变位系数)
II=7(第二组精度系数,此数决定修缘系数)
z1=50(齿轮 B 的齿数)
B1=20(齿轮 B 的齿宽)

2. 加入基准轴

点击【插入】→【基准轴】,以 RIGHT 面和 FRONT 面为参照,插入基准轴 AA_1,见图 2-4-1。然后以 TOP 面为参照,插入基准轴 AA_2,见图 2-4-2。两轴间的距离为 D_1,加入关系式: $D_1=0.5m(z+z_1)$。

3. 插入齿轮 A

点击【插入】→【元件】→【装配】,然后选择齿轮 A,【确定】。在元件放置中选择【连接】→【销钉】,再选择齿轮 A 的轴与基准轴 AA_2 对齐,TOP 面与组件的 TOP 面对齐,完成连接定义,如图 2-4-3 所示。

4. 插入齿轮 B

按照同样的步骤插入齿轮 B,齿轮 B 的轴和组件轴 AA_1 对齐,TOP 面和组件的 TOP 面对齐,完成连接定义,如图 2-4-4 所示。

图 2-4-1 选择基准轴线(一)

图 2-4-2 选择基准轴线(二)

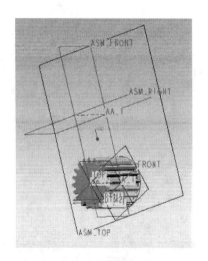
图 2-4-3 齿轮的轴对齐

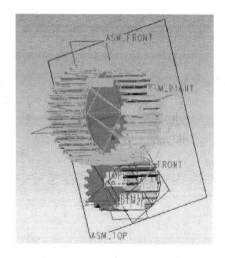
图 2-4-4 齿轮装配对齐

5. 调整齿轮 B

由于齿轮 B 是随机装配的,如果要完成运动,需要调整齿轮 B 的齿,使之和齿轮 A 啮合。具体方法如下:选择齿轮 B,右击鼠标,选择【编辑定义】→【移动】→【旋转】,调整齿的位置,直到正确啮合为止(由于是手动调整,所以可能存在误差)。

6. 参数化输入

点击【工具】→【程序】,编辑程序,在 INPUT 和 END INPUT 间加入:

m NUMBER	"请输入模数:"
z NUMBER	"请输入齿数:"
ALPHA NUMBER	"请输入压力角:"
B NUMBER	"请输入齿宽:"
HAX NUMBER	"请输入齿顶高系数:"
CX NUMBER	"请输入顶隙系数:"
X NUMBER	"请输入变位系数:"
II NUMBER	"请输入第二组精度等级(6/7/8):"
z1 NUMBER	"请输入齿轮 B 的齿数:"
B1 NUMBER	"请输入齿轮 B 的齿宽:"

然后编辑如下程序:

```
EXECUTE PART A
m=m
z=z
ALPHA=ALPHA
B=B
HAX=HAX
CX=CX
X=X
II=II
END EXECUTE
EXECUTE PART B
M=M
z1=z1
ALPHA=ALPHA
B1=B1
HAX=HAX
CX=CX
X=X
II=II
END EXECUTE
```

最后选择【完成】。这样,参数化组装就完成了。选取【组件】→【再生】,按照提示,输入要求的参数,组件就会根据参数的变化而变化。

2.4.2 齿轮组运动仿真

在应用程序中选择【机构】,然后选择【连接】→【接头】→【连接轴】(选择齿轮A的轴)→【旋转轴】→【伺服电动机】,见图2-4-5。

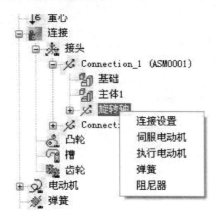

图 2-4-5　选择菜单

定义伺服电动机:选择【轮廓】,在规范下选择速度选项—常数—完成。对齿轮B按同样步骤来做,修改常数—完成。

电动机定义完成后,选择【运动分析】→【新建】→【运行】,组件便可以运动了。然后选择【回放】,加入全局干涉分析,可以进行齿轮尺寸检查,还可以加入重力、力矩等进行动态分析。

2.4.3 齿轮组运动打滑分析

为了了解齿轮运动过程中是否平稳,防止齿轮啮合时发生打滑,可以采用软件来模拟齿轮组的啮合运动。齿轮的打滑速度示意分析如图2-4-6所示。

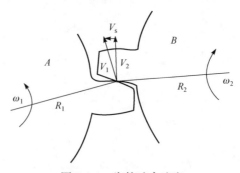

图 2-4-6　齿轮啮合速度

设齿轮A和齿轮B的线速度分别为V_1和V_2,由齿轮的角速度公式可知

$$V_1 = \omega_1 R_1, \quad V_2 = \omega_2 R_2$$

当不存在打滑时，$V_1 = V_2$；而当存在打滑时，打滑速度为

$$V_s = V_1 - V_2 = \omega_1 R_1 - \omega_2 R_2$$

所以，通过改变齿轮 B 的速度就可以模拟齿轮的打滑。下面通过齿轮运动时的几幅图来分析齿轮的打滑情况，主要通过间隙来表示滑动。

由于两个齿轮的速度不再满足完全理想的状态，所以当齿轮 B 运动时，齿轮 A 暂时没有运动，如图 2-4-7(a) 所示。经过一小段时间后，当齿轮 A 因速度小而落后一段被齿轮 B 的下一个齿补充进来后，齿轮 A 才开始运动，所以齿轮 A 的运动落后于齿轮 B，发生打滑，如图 2-4-7(b) 所示。

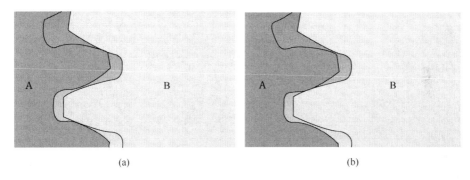

图 2-4-7　齿轮啮合间隙

2.4.4　齿轮组运动干涉检查

当齿轮组之间没有间隙时，或者当中心矩过小时，会出现干涉现象。在图 2-4-8 中，箭头所指的区域就是发生干涉的地方。可以根据干涉或者打滑的情况去调节齿轮的参数，直到齿轮正确啮合。

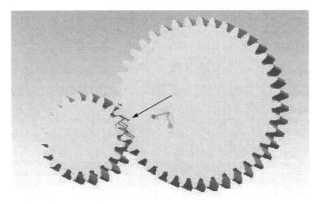

图 2-4-8　齿轮啮合干涉

2.5 深沟球轴承产品三维造型设计

2.5.1 轴承设计理论基础

滚动轴承是现代机器中广泛应用的部件之一。其优点是：①产品已标准化；②起动摩擦力矩低，功率损耗小；③负荷、转速和工作温度的适应范围宽，工作条件的少量变化对其性能的影响不大；④多数类型能够同时承受径向和轴向载荷，轴向尺寸小；⑤易于润滑、维护及保养。

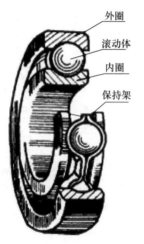

图 2-5-1 深沟球轴承

深沟球轴承是最常见的一种滚动轴承。如图 2-5-1 所示。它主要承受径向载荷，也可同时承受一定的轴向载荷。深沟球轴承摩擦小（摩擦系数为 0.0010～0.0015），适用于高速场合，价格相对较低，故应用最广泛。

首先，通用轴承设计最先考虑的因素是轴承的基本额定寿命 $L_{10} = \left(\dfrac{C}{P}\right)^{\varepsilon}$。若以小时数表示寿命，则 $L_h = \dfrac{10^6}{60n}\left(\dfrac{C}{P}\right)^{\varepsilon}$，或 $C = P\sqrt[\varepsilon]{\dfrac{60nL_h}{10^6}}$，其中 C 为基本额定动载荷。由于深沟球主要承受径向载荷，所以设计时主要考虑轴承径向基本额定动负荷 C_r。

然后，根据寿命要求确定深沟球轴承的主要参数。

2.5.2 轴承设计参数

轴承的参数包括：轴承内径 d、轴承外径 D、轴承宽度 B、钢球直径 D_w、钢球组的中心圆直径 D_{wp}、内圈滚道曲率半径 R_i、外圈滚道曲率半径 R_e、内圈滚道直径 d_i、外圈沟道直径 D_e、保持架钢板厚度 S、保持架宽度 B_c、保持架内径 D_{c1}、保持架外径 D_c、保持架中心圆直径 D_{cp}、保持架相邻两兜孔中心间的距离 C、保持架兜孔深度 K、保持架球兜内球面半径 R_c、钢球组的钢球数量 Z 等。而轴承内径、外径和宽度是标准化的取值。

1. 主参数优化

轴承设计主参数包括钢球直径 D_w、钢球组的钢球数量 Z、钢球组的中心圆直径 D_{wp}。

优化目标函数：通常以深沟球轴承径向基本额定动负荷 C_r 为目标函数。

当 $D_w \leqslant 25.4$ mm 时：
$$C_r = b_m f_c Z^{2/3} D_w^{1.8}$$

当 $D_w > 25.4$ mm 时：
$$C_r = 3.647 b_m f_c Z^{2/3} D_w^{1.4}$$

式中，b_m 为修正系数；f_c 为深沟球轴承的载荷系数，取值见表 2-5-1。

表 2-5-1 深沟球轴承 f_c 值

D_w/D_{wp}	f_c	D_w/D_{wp}	f_c	D_w/D_{wp}	f_c
0.05	46.7	0.14	58.8	0.28	57.1
0.06	49.1	0.16	59.6	0.30	56.0
0.07	51.1	0.18	59.9	0.32	54.6
0.08	52.8	0.20	59.9	0.34	53.2
0.09	54.3	0.22	59.6	0.36	51.7
0.10	55.5	0.24	59.0	0.38	50.0
0.12	57.5	0.26	58.2	0.40	48.4

注：对于 D_w/D_{wp} 的中间值，其 f_c 值可由线性内插法求得。

优化设计约束条件：
$$K_{wmin}(D-d) \leqslant D_w \leqslant K_{wmax}(D-d)$$
$$0.5(D+d) \leqslant D_{wp} \leqslant 0.515(D+d)$$
$$\frac{180°}{2\arcsin(D_w/D_{wp})} + 1 \leqslant Z \leqslant \frac{\varphi_{max}}{2\arcsin(D_w/D_{wp})} + 1$$

以上各式中，系数 K_w 取值见表 2-5-2；最大填球角 φ_{max} 按表 2-5-3 规定；钢球数量 Z 取整数。

表 2-5-2 K_w 取值范围

直径系列 d/mm	100	200	300	400
$d \leqslant 35$	0.24～0.30	0.24～0.31	0.25～0.32	0.28～0.32
$35 \leqslant d \leqslant 120$	0.30～0.32	0.30～0.32	0.30～0.33	0.30～0.32
$120 \leqslant d \leqslant 240$	0.29～0.32	0.28～0.32	0.29～0.32	0.25～0.30

表 2-5-3 φ_{max} 限制条件（上限）

直径系列	100	200	300	400
$\varphi_{max} \leqslant$	195°	194°	193°	192°

轴承主参数 D_w、Z 和 D_{wp} 优化取值,应在满足约束条件式的前提下,使 C_r 尽可能取最大值。

2. 套圈设计

(1) 滚道曲率半径 R_i、R_e:

内圈滚道曲率半径 $R_i=0.515D_w$,外圈滚道曲率半径 $R_e=0.525D_w$。

(2) 滚道直径 d_i、D_e:

内圈滚道直径 $d_i=D_{wp}-D_w$,外圈滚道直径 $D_e=d_i+2D_w+u$。

以上公式中,基本径向游隙平均值 $u=(U_{min}+U_{max})/2$,按标准 GB 4604—1984 规定取值(表 2-5-4)。

表 2-5-4　圆柱孔深沟球轴承基本径向游隙平均值 u(单位:μm)

d	下限	2	6	10	18	24	30	40	50	65	80	100	120	140	160
	上限	6	10	18	24	30	40	50	65	80	100	120	140	160	180
U_{min}		2	2	3	5	5	6	6	8	10	12	15	18	18	20
U_{max}		13	13	18	20	20	20	23	28	30	36	41	48	53	61

(3) 沟位置 a:

$$a=B/2$$

内圈沟位置 a_i 和外圈沟位置 a_e 取相同值,即 $a_i=a_e=a$。

3. 浪形保持架设计

(1) 保持架钢板厚度 $S=S(D_w)$,具体的计算方法见表 2-5-5。计算出 S 后,按表 2-5-6 中列出的标准值,选用最接近计算值的标准钢板厚度。

表 2-5-5　$S(D_w)$ 值

直径系列	100	200	300,400	
D_w/mm	$4<D_w\leqslant 35$	$4<D_w\leqslant 45$	$5<D_w\leqslant 35$	$45<D_w\leqslant 55$
$S(D_w)$/mm	$\sqrt{\dfrac{D_w}{3.174}+1.25^2}-1.25$	$\sqrt{\dfrac{D_w}{6.5}-0.5}-0.04$	$\sqrt{\dfrac{D_w}{8.5}-0.5}+0.15$	$\sqrt{\dfrac{D_w}{8.5}-0.5}+0.4$

表 2-5-6　浪形保持架用冷轧钢板的标准厚度 S(单位:mm)

S	0.5	0.6*	0.7	0.8*	1.0	1.2	1.5	2.0	2.5	3.0	3.5

*表示非优先选用钢板厚度。

(2) 保持架宽度 B_c:
$$B_c = K_c D_w$$
式中,系数 K_c 取值见表 2-5-7。

表 2-5-7 K_c 值

直径系列	100	200,300,400
K_c	0.48	0.45

(3) 保持架内径 D_{c1} 及外径 D_c:
$$D_{c1} = D_{cp} - B_c$$
$$D_c = D_{cp} + B_c$$
式中,$D_{cp} = D_{wp}$。

(4) 保持架兜孔的深度 K:
$$K = 0.5 D_w + \varepsilon_c$$
式中,常数 ε_c 取值见表 2-5-8。

表 2-5-8 ε_c 值

D_w/mm	下限	—	6	10	14	18	24	32	40	50
	上限	6	10	14	18	24	32	40	50	60
ε_c		0.04	0.05	0.06	0.07	0.08	0.10	0.10	0.12	0.14

(5) 保持架球兜内球面半径 R_c:
$$R_c = K$$

(6) 相邻两球兜(或铆钉孔)中心间的距离 C:
$$C = D_{cp} \sin \frac{180°}{Z}$$

(7) 兜孔中心与相邻铆钉孔中心间的距离 C_1:
$$C_1 = D_{cp} \sin \frac{90°}{Z}$$

2.5.3 轴承参数化设计

轴承的参数化设计绘图也是利用 Pro/E 软件中的【关系】(Relation)、【阵列】(Pattern)及【程序】(Program)等功能来实现。具体的零件图绘制步骤如下。

首先根据上面的轴承参数计算方法,得到主要参数,如轴承内径 D、轴承外径 DD、轴承宽度 B、钢球直径 DW、钢球数量 Z、外圈内侧小倒角(滚道侧)半径 RX、外圈外侧大倒角半径 RD 等。

1. 外圈设计

选择【文件】→【新建】→【零件】→【实体】,然后加入下列参数(单位 mm):

图 2-5-2 选择基准平面

D=50(轴承内径)
DD=80(轴承外径)
B=16(轴承宽度)
DW=9(钢球直径)
RX=0.3(外圈内侧(滚道侧)倒角半径)
RD=1.5(外圈外侧倒角半径)

在菜单栏中选取【插入】→【旋转】,在 TOP 面(基准平面)中草绘,以 RIGHT 面(基准平面)为参照,方向为右,见图 2-5-2。

先按照设计所给尺寸,草绘外圈截面形状,测量出必要的尺寸(具体根据需要增加或删减)完成绘制。草绘图如图 2-5-3 所示。

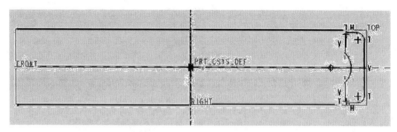

图 2-5-3 外圈截面草绘图

在菜单栏中,选择【工具】→【关系】,选取零件,出现图 2-5-4 所示的各尺寸代号,也可进行自定义。

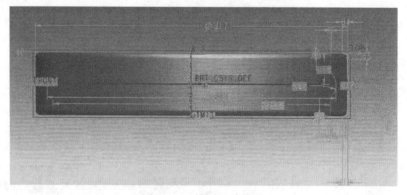

图 2-5-4 外圈尺寸代号

根据前文所给公式推导出各参数以及尺寸间的关系,在关系栏中加入关系式:

D2=0.525*DW　　　　　(外圈滚道曲率半径)
D12=B　　　　　　　　(轴承宽度)
D16=B/2
D17=DD　　　　　　　(轴承外径)
D18=(D+DD)/2+DW　　(外圈滚道直径)
D19=DD-DW
D4=RD
D5=D4
D10=D4
D11=D4
D6=RX　　　　　　　　(倒角)
D7=D6
D8=D6
D9=D6

需要说明的是,上面的尺寸代号等不是固定的,用户可自定义。

然后选择【程序】→【编辑程序】,在 INPUT 与 END INPUT 间加入:

```
D  NUMBER      "请输入轴承内径:"
DD NUMBER      "请输入轴承外径:"
B  NUMBER      "请输入轴承宽度:"
DW NUMBER      "请输入钢球直径:"
RX NUMBER      "请输入外圈内侧小倒角半径:范围 0-1.0"
RD NUMBER      "请输入外圈外侧大倒角半径:范围 1.0-5.0"
```

点击【保存】,信息栏出现"要将所做的修改体现到模型中",选择"是"。这时,点击【再生模型】,出现提示窗口如图 2-5-5 所示。

点击【输入】→【选取全部】→【完成选取】,在信息栏提示输入参数值(图 2-5-6),就可以根据各参数的不同完成零件的模型再生。

图 2-5-5　提示窗口　　　　　　　图 2-5-6　信息栏提示

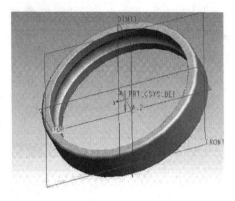

图 2-5-7 外圈实体图

完成参数化的轴承外圈如图 2-5-7 所示。

2. 内圈设计

按照前面外圈的绘制步骤,内圈的绘制也是首先添加参数:

D=50(轴承内径)
DD=80(轴承外径)
B=16(轴承宽度)
DW=9(钢球直径)
RX=0.3(内圈内侧(滚道侧)倒角半径)
RD=1.5(内圈外侧倒角半径)

完成的草绘图如图 2-5-8 所示。

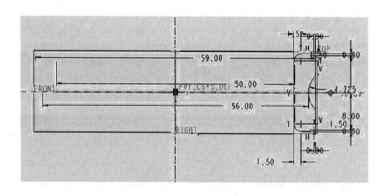

图 2-5-8 内圈截面草绘图

根据各参数和尺寸间关系,加入如下关系(倒角尺寸等省略未列出):

D14=B/2
D15=B(轴承宽度)
D17=D+DW
D18=D(轴承内径)
D19=(DD+D)/2-DW(内圈滚道直径)
D20=0.515*DW(内圈滚道曲率半径)

校验关系成功后,选择【确定】。同样在 INPUT 与 END INPUT 间加入:

INPUT
　D NUMBER　　　"请输入轴承内径:"
　DD NUMBER　　"请输入轴承外径:"

```
    B  NUMBER          "请输入轴承宽度:"
    DW NUMBER          "请输入钢球直径:"
    Z  NUMBER          "请输入钢球个数:"
    RX NUMBER          "请输入内圈内侧小倒角半径:范围 0-1.0"
    RD NUMBER          "请输入内圈外侧大倒角半径:范围 1.0-5.0"
    END INPUT
```

完成编辑后保存。

最后完成的参数化轴承内圈如图 2-5-9 所示。

3. 浪形保持架设计

保持架的绘制过程较为烦琐。先加入参数:

D=50(轴承内径)
DD=80(轴承外径)
B=16(轴承宽度)
DW=9(钢球直径)
Z=13(钢球数量)

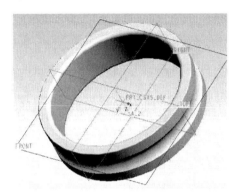

图 2-5-9 内圈实体图

建立基准轴 A_2,这很关键,在后面的装配中不可缺少,如图 2-5-10 所示。

建立基准面 DTM1,同样重要,如图 2-5-11 所示。

图 2-5-10 选择基准轴

图 2-5-11 选择基准面

点击【插入】→【旋转】,以 DTM1 面为草绘平面,参照 A_2 轴草绘如图 2-5-12 所示。

然后旋转成实体球体。在左侧模型树中选择 DTM1 面和【旋转伸出】项,组合起来。然后选择【阵列】,效果如图 2-5-13 所示。

点击【插入】→【拉伸】,剪切出如图 2-5-14 所示的效果。

图 2-5-12　草绘图

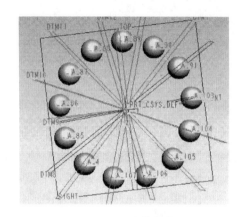

图 2-5-13　实体球体

图 2-5-14　剪切实体球体

再点击【旋转伸出】,如图 2-5-15 所示,厚度由设计尺寸确定。

利用壳工具,形成球壳,壳壁厚度同【旋转伸出】项,如图 2-5-16 所示。

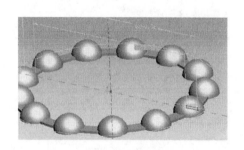

图 2-5-15　旋转伸出实体

图 2-5-16　形成球壳

再分别插入保持架内径圆和外径圆两个圆剪切,得到图 2-5-17 所示的效果。此时,浪形保持架已基本定型。

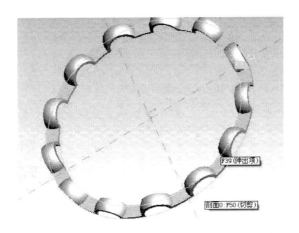

图 2-5-17 剪切球壳

在现有浪形保持架上打孔,参照图 2-5-18,得到效果如图 2-5-19 所示。

图 2-5-18 选择参照 　　　　图 2-5-19 保持架上打孔

阵列孔的效果如图 2-5-20 所示。至此完成浪形保持架的绘制。

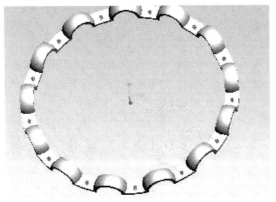

图 2-5-20 保持架上阵列孔

根据浪形保持架各参数的尺寸间设计关系(参考有关设计资料),加入如下关系:

```
IF DW<=6
    D27=0.5*DW+0.04+SQRT(DW/3.174+1.25*1.25)-1.25
ELSE
    IF DW<=10
        D27=0.5*DW+0.05+SQRT(DW/3.174+1.25*1.25)-1.25
    ELSE
        IF DW<=14
            D27=0.5*DW+0.06+SQRT(DW/3.174+1.25*1.25)-1.25
        ELSE
            IF DW<=18
                D27=0.5*DW+0.07+SQRT(DW/3.174+1.25*1.25)-1.25
            ELSE
                IF DW<=24
                    D27=0.5*DW+0.08+SQRT(DW/3.174+1.25*1.25)-1.25
                ELSE
                    IF DW<=40
                        D27=0.5*DW+0.10+SQRT(DW/3.174+1.25*1.25)-1.25
                    ELSE
                        IF DW<=50
                            D27=0.5*DW+0.12+SQRT(DW/3.174+1.25*1.25)-1.25
                        ELSE
                            D27=0.5*DW+0.14+SQRT(DW/6.3-0.5)-0.04
                        ENDIF
                    ENDIF
                ENDIF
            ENDIF
        ENDIF
    ENDIF
ENDIF
ENDIF
D28=(D+VDD)/4                    (保持架中心圆直径)
D141=D27*4
D142=DD*2
```

```
D340=360/Z                           (阵列参考角度)
P341=Z                               (阵列个数)
IF DD<=100
   D372=(DD+D)/2-0.48*DW             (保持架内径)
   D373=(DD+D)/2+0.48*DW             (保持架外径)
   ELSE
   D372=(DD+D)/2-0.45*DW
   D373=(DD+D)/2+0.45*DW
ENDIF
IF DD<=100
D374=SQRT(DW/3.174+1.25*1.25)-1.25   (保持架钢板厚度)
   ELSE
   D374=SQRT(DW/6.3-0.5)-0.04
ENDIF
D375=D374
D376=D141
D377=D372
D378=D141
D379=D373
D396=360/Z/2
D397=D28
D398=D374
D399=D141
D400=360/Z
P401=Z
```

校验关系成功后，在 INPUT 与 END INPUT 间加入：

```
D  NUMBER    "请输入轴承内径:"
DD NUMBER    "请输入轴承外径:"
B  NUMBER    "请输入轴承宽度:"
DW NUMBER    "请输入钢球直径:"
Z  NUMBER    "请输入钢球数量:"
```

完成后，选择【零件】→【再生】或点击工具栏再生模型图标，按照提示输入参数后，保持架零件即可改变，参数化保持架设计完成，如图 2-5-21 所示。

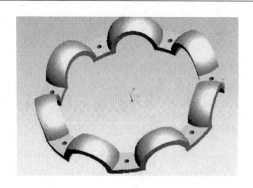

图 2-5-21　浪形保持架实体

4. 钢球设计

钢球的绘制比较简单，首先加入参数：

DW=9(钢球直径)

点击【插入】→【旋转】，草绘半圆，旋转即得，如图 2-5-22 所示。

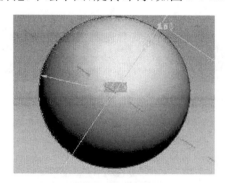

图 2-5-22　球实体

在【工具】→【关系】中加入以下关系：

D27=DW/2(钢球半径)

在程序中加入：

D NUMBER   "请输入轴承内径:"
DD NUMBER   "请输入轴承外径:"
DW NUMBER   "请输入钢球直径:"

参数化钢球设计完成。

5. 铆钉设计

铆钉的绘制比较简单，不再赘述。点击【插入】→【旋转】，草绘和效果如图 2-5-23

所示。铆钉的尺寸根据设计结果选取。

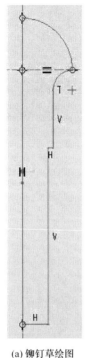
(a) 铆钉草绘图

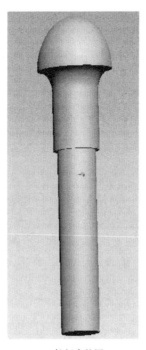
(b) 铆钉实体图

图 2-5-23 铆钉图

2.5.4 轴承零件装配

完成各个零件后,进行轴承的装配,具体步骤如下。

1. 外圈安装

选择【插入】→【元件】→【装配】,由于外圈是参照件,不需要运动,所以对外圈选择默认放置(点击图 2-5-24 中箭头指示图标即可)。

2. 内圈安装

采用添加元件到组件,用销钉连接。以外圈中心轴 A_2 和内圈中心轴 A_2 为参照轴对齐,以内外圈的 FRONT 面为参照平移。完成连接定义。操作界面参照和装配效果如图 2-5-25 所示。

图 2-5-24 选择零件

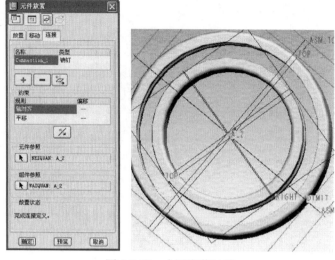

图 2-5-25 内圈安装过程

3. 保持架安装

同样是采用销钉连接,以保持架中心轴 A_2 和内圈中心轴 A_2 为参照轴对齐,以内圈 FRONT 面和保持架曲面(箭头所指)平移对齐。完成连接定义,如图 2-5-26 所示。

4. 钢球安装

采用添加元件到组件,用销钉连接,以钢球的中心轴 A_4 和保持架球兜中心轴 A_4 为参照轴对齐,以钢球的 RIGHT 面和保持架曲面平移对齐。效果如图 2-5-27 所示。

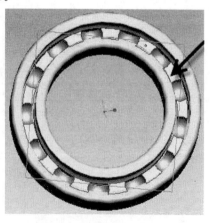
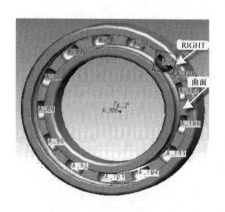

图 2-5-26 保持架安装过程　　图 2-5-27 钢球安装过程

5. 铆钉安装

铆钉安装采用简单放置,以铆钉的柱面和铆钉孔孔内侧面为参照【匹配】连接,再以铆钉头平面和图 2-5-27 中所标保持架曲面为参照相切连接。操作界面参照和装配效果如图 2-5-28 所示。

图 2-5-28　铆钉安装过程

6. 编程

在 INPUT 和 END INPUT 之间加入:

```
D NUMBER      "请输入轴承内径:"
DD NUMBER     "请输入轴承外径:"
B NUMBER      "请输入轴承宽度:"
DW NUMBER     "请输入钢球直径:"
Z NUMBER      "请输入钢球数量:"
RX NUMBER     "请输入圈套小倒角半径:范围 0-1.0"
RD NUMBER     "请输入圈套大倒角半径:范围 1.0-5.0"
```

然后在 END RELATIONS 下面加入以下程序:

```
EXECUTE PART WAIQUANS
D=D
DD=DD
B=B
DW=DW
Z=Z
RX=RX
```

```
RD=RD
END EXECUTE
EXECUTE PART NEIQUANS
D=D
DD=DD
B=B
DW=DW
Z=Z
RX=RX
RD=RD
END EXECUTE
EXECUTE PART BAOCHIJIAS
D=D
DD=DD
B=B
DW=DW
Z=Z
END EXECUTE
EXECUTE PART GUNZHUS
D=D
DD=DD
DW=DW
END EXECUTE
EXECUTE PART MAODINGS
DD=DD
DW=DW
Z=Z
END EXECUTE
```

图 2-5-29 轴承实体图

完成这些程序输入和检查后,即可根据提示的参数来改变组件的尺寸,组件安装完成。轴承实体图如图 2-5-29 所示。

2.5.5 轴承工程图

从 Pro/E 软件中可以直接生成二维设计图,但这种二维设计图不完全符合我国的设计规范要求,必须作适当的修改。可以将这种二维图导出为 AutoCAD 可以识别的文档,再利用 CAD 软件进行必要的修改。

图 2-5-30~图 2-5-33 是修改后的球轴承标准化的工程设计图。其中的尺寸是参数化变量,若需要具体的结果,可以根据设计尺寸自动填写。

1. 深沟球轴承内圈工程图

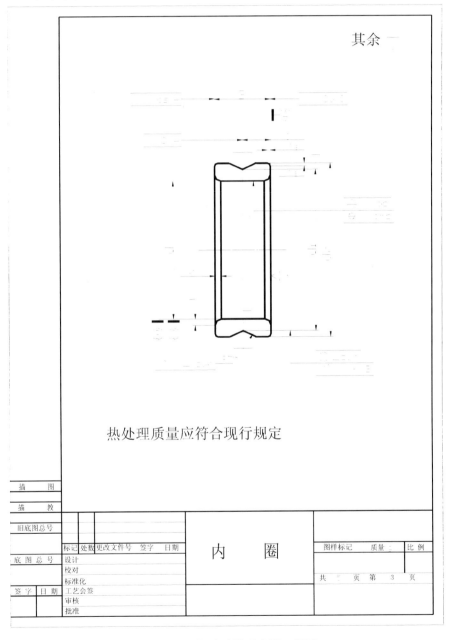

图 2-5-30　深沟球轴承内圈工程图

2. 深沟球轴承外圈工程图

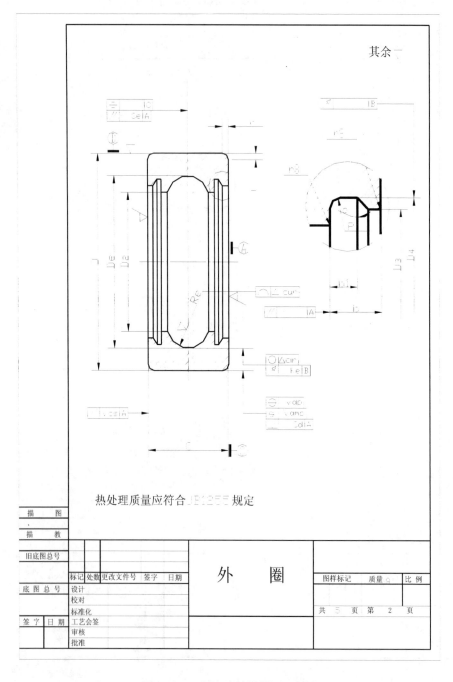

图 2-5-31 深沟球轴承外圈工程图

3. 深沟球轴承保持架工程图

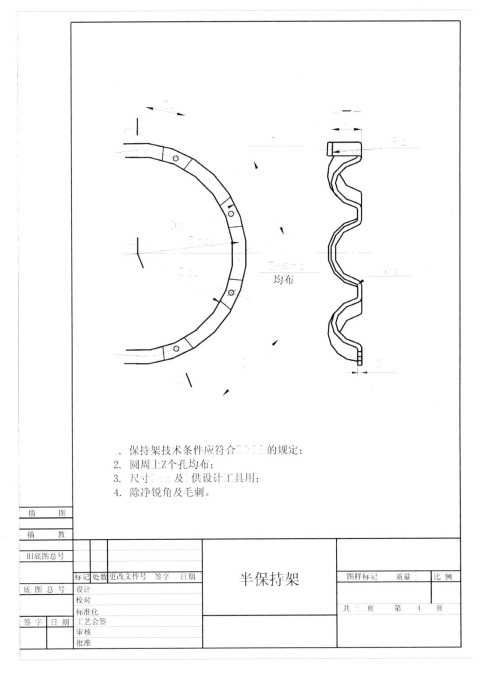

图 2-5-32 深沟球轴承半保持架工程图

4. 深沟球轴承装配工程图

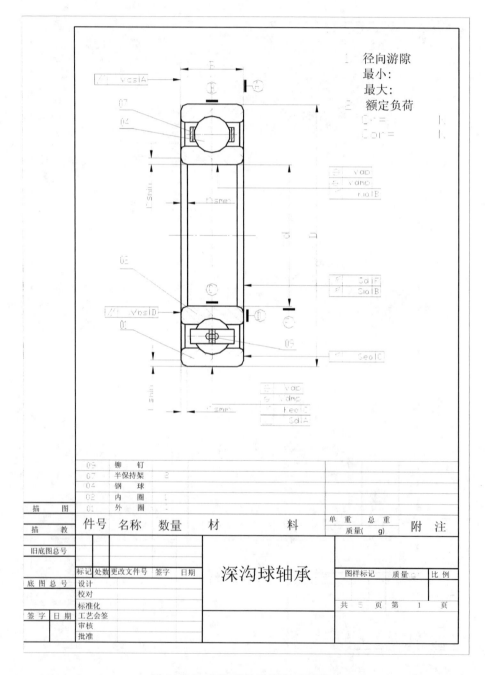

图 2-5-33 深沟球轴承装配工程图

2.6 深沟球轴承产品运动仿真

2.6.1 轴承运动仿真

滚动轴承中的运动通常是一些复杂的运动。例如,滚动轴承安装在转速一定的轴上,滚动体以另一转速绕轴承轴线转动,同时又以一定转速绕自身轴线旋转。在球轴承中,如果球和滚道之间的接触角不为零,即不同于简单径向轴承,则滚动运动还伴随着一定程度的自旋运动。轴承真实的运动仿真需要通过复杂的运动计算后才能实现。这里给出的运动仿真是在已知分析结果后进行的模拟。

轴承组件完成后,选择菜单栏中的【应用程序】→【机构】,进行组件的运动分析。选择【连接】→【接头】→【旋转轴】,添加伺服电动机。接头的连接是按照装配顺序来的,首先对内圈的旋转轴添加伺服电动机:在伺服电动机定义中选择连接轴类型,在【轮廓】→【规范】选项中,选择速度—常数,对电动机定义速度,点击【确定】,完成内圈电机的添加。

然后按照上面的步骤依次对保持架每个滚子添加伺服电动机。完成电动机的添加后,选择【运动分析】选项。首先定义名称,然后在类型中选择运动学,在优先选项中修改帧数、帧频等,在电动机选项中添加所有的伺服电动机,选择【运行】,进行运动分析。

根据已有的分析结果,不同运动时刻的运动模拟动画如图 2-6-1 所示(注意各球的颜色位置运动变化)。

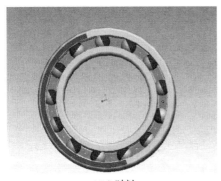
(a) 0s时刻

(b) 1.0s时刻

(c) 2.0s时刻　　　　　　　　　　　　(d) 3.0s时刻

图 2-6-1　轴承运动模拟

2.6.2　钢球打滑分析

由于钢球支撑载荷,受各种因素影响,运动极不规则,既有自转运动也有公转运动。在低速或重载荷情况下,分析轴承滚动可以略去动态效应。钢球的公转运动与保持架运动一致,钢球自转不发生打滑运动。

1. 保持架速度

作为一般情况,首先假定轴承内圈和外圈同时旋转,内外圈具有相同接触角 α。众所周知,对于绕轴线旋转的线速度为

$$v = \omega r$$

因此,内圈滚道接触点速度为

$$v_i = \omega_i (d_m - D_w \cos\alpha)/2$$

同样,外圈滚道接触点速度为

$$v_o = \omega_o (d_m + D_w \cos\alpha)/2$$

如果转速以 r/min 为单位,上述接触点速度可以表示为

$$v_i = \pi n_i d_m (1-\gamma)/60$$
$$v_o = \pi n_o d_m (1+\gamma)/60$$

式中,$\gamma = D_w \cos\alpha / d_m$。

如果在滚道接触处没有滑动,则保持架和钢球的公转线速度是内圈和外圈滚道线速度平均值,于是钢球的公转线速度为

$$v_m = \pi d_m [n_i(1-\gamma) + n_o(1+\gamma)]/120$$

又因为

$$v_m = \omega_m d_m / 2 = \pi n_m d_m / 60$$

所以
$$n_m = [n_i(1-\gamma) + n_o(1+\gamma)]/2$$
保持架相对内圈滚道的角速度为
$$n_{mi} = n_m - n_i$$

2. 滚动体自转速度

假定内圈滚道与钢球接触处没有滑动,接触点上钢球线速度等于滚道线速度,于是有
$$\omega_{mi}d_m(1-\gamma)/2 = \omega_r D_w/2$$
因为 n 正比于 ω,并将 n_{mi} 代入,得滚动体自转速度为
$$n_R = (n_m - n_i)d_m(1-\gamma)/D_w$$
再将 n_m 代入,得
$$n_R = [d_m(1-\gamma)(1+\gamma)(n_o - n_i)/D_w]/2$$
如仅考虑内圈旋转时,有
$$n_m = n_i(1-\gamma)/2$$
$$n_R = [d_m n_i(1-\gamma)(1+\gamma)/D_w]/2$$
以上各式中,d_m 为节圆直径;n 为旋转速度;v 为表面速度;$\gamma = D_w\cos\alpha/d_m$;$D_w$ 为滚子直径。为了更直观地了解,图 2-6-2 中标出了上述各种速度。

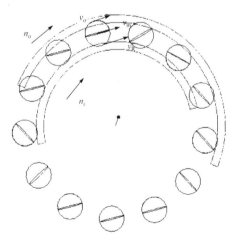

图 2-6-2 轴承中各种速度

通常,仅考虑内圈旋转,外圈固定,钢球与内圈滚道接触,在滚动接触位置上钢球的线速度等于内圈滚道的线速度,且钢球中心以一定角速度公转。如果钢球出现打滑,则在滚动接触位置上钢球的线速度小于内圈滚道的线速度。设此速度差量为ε,其具体的计算涉及载荷、摩擦、润滑等因素,比较复杂,这里不作介绍。

在图 2-6-2 中,设内圈滚道线速度为 v_R,在滚动接触位置上钢球的线速度为 v_o,则有

$$v_o = v_R - \varepsilon$$

内圈滚道和钢球之间的打滑模拟方法如下。在机构中改变钢球的速度,速度差量根据分析结果确定。在图 2-6-3 中,两个着色钢球运动状态出现不一致。左侧着色钢球有打滑运动,右侧着色钢球正常运动。利用球上颜色位置的变化来反映打滑和无打滑运动。

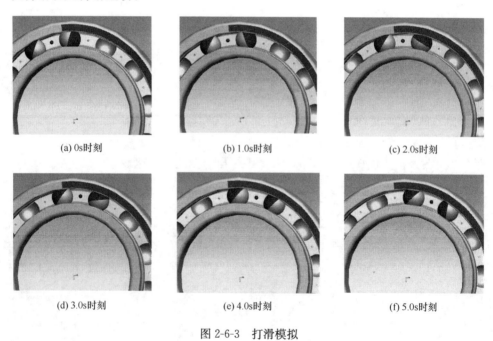

(a) 0s时刻　　　　(b) 1.0s时刻　　　　(c) 2.0s时刻

(d) 3.0s时刻　　　　(e) 4.0s时刻　　　　(f) 5.0s时刻

图 2-6-3　打滑模拟

2.6.3　轴承零件装配干涉检查

利用设计软件可以检查轴承零件的装配干涉。当轴承的各个零件的装配不

合理时,或某个零件尺寸不合理时,就会发生干涉。如图 2-6-4 所示,若保持架在内外圈之间无游隙,在仿真运动时,选取全局干涉项,在干涉区域就会出现红色(图中深色)标记。图中保持架和内外圈接触处由于尺寸过大,配合过盈,干涉比较明显。

图 2-6-4　轴承零件的干涉现象

出现干涉现象与轴承尺寸的准确性和装配的合理性有密切的关系。设计时,应根据这些现象返回修改相关参数值,再生成合理的模型。

2.7　圆锥滚子轴承产品三维造型设计

2.7.1　轴承设计参数

圆锥滚子轴承的结构如图 2-7-1 所示,它可以同时承受径向载荷及轴向载荷。与深沟球轴承的设计模式相同,进行圆锥轴承设计时,也首先考虑轴承的基本额定寿命,然后根据圆锥轴承的主要参数,如轴承公称外径、外圈公称宽度、外圈公称小内径、公称接触角、内圈公称内径等进行优化设计。

圆锥轴承的结构尺寸很多,计算公式复杂,有兴趣的读者可以参考相关设计资料。这里给出已经完成优化设计的参数,如表 2-7-1 所示。

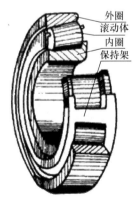

图 2-7-1　圆锥滚子轴承

表 2-7-1　轴承尺寸(单位:mm)

尺寸名称	尺寸值	尺寸名称	尺寸值	尺寸名称	尺寸值
轴承公称外径 D	90	轴承公称内径 d	50	滚子数量 Z	19
外圈公称宽度 C	17	轴承公称宽度 T	21.75	滚子母线与其中心线夹角 φ	2°
外圈公称小内径 E	75.078	内圈公称宽度 B	20	保持架内角 θ	14.517°
公称接触角 α	15.717°	内滚道中心线与母线夹角 β	11.717°	保持架计算直径 D_C	34.1

2.7.2　轴承参数化设计

轴承的参数化设计绘图也是运用 Pro/E 软件中的程序、关系等功能,具体的零件图绘制步骤如下。

1. 外圈的设计绘图

选择【文件】→【新建】→【零件】→【实体】,然后加入参数:

D=90(轴承公称外径)

C=17(外圈公称宽度)

E=75.078(外圈公称小内径)

α=15.717(公称接触角)

选择【插入】→【旋转】,在 DTM1 面中草绘,以 DTM2 面为参照,方向为底面,选择旋转轴 A_1,见图 2-7-2。然后进行草绘,先画好形状,再测量出必要的尺寸,如宽度等,完成绘制。改变所测量尺寸的名称为 D1、D2、D3、D4,如图 2-7-3 所示。

图 2-7-2　选择参照

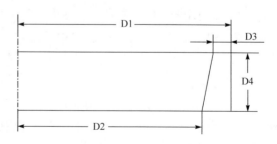

图 2-7-3　草绘外圈截面

加入如下关系:

D1=D/2(外圈半径)
D2=E/2(外圈公称小内径)
D3=(D-E-2*C*TAN(α))/2(外圈小面厚度)
D4=C(外圈公称宽度)

选择【程序】→【编辑程序】，在 INPUT 和 END INPUT 间加入：

D NUMBER   "请输入轴承公称外径:"
C NUMBER   "请输入外圈公称宽度:"
E NUMBER   "请输入外圈公称小内径:"
α NUMBER   "请输入公称接触角:"

选择【完成】→【再生】，就可以根据参数的变化完成零件的变化，并进行倒角等操作。参数化的外圈效果如图 2-7-4 所示。

图 2-7-4　外圈实体图

2. 内圈的设计绘图

按照外圈的绘图步骤，添加如下参数：

X=50(轴承公称内径)
T=21.75(轴承公称宽度)
B=20(内圈公称宽度)
E=75.087(外圈公称小内径)
α=15.717(公称接触角)
β=11.717(内滚道中心线与母线夹角)
φ=2(滚子母线与其中心线夹角)

在 DTM1 面中完成草绘如图 2-7-5 所示。

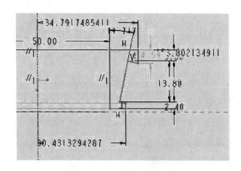

图 2-7-5　草绘内圈截面

修改尺寸的属性，加入如下关系：

D21=T（轴承公称宽度）
D22=X（轴承公称内径）
D27=B-A0-A1（滚道在轴线上的投影长度）
D26=A0（大挡边厚度，A0=Ka0*B，Ka0 取 0.16～0.22）
D29=β（内滚道中心与母线夹角）
D28=(0.5*E/TAN(α)+T-D26)/COS(β)（挡边曲率半径）
D67=A1（小挡边厚度，A1=Ka1*B，Ka1 取 0.10～0.13）
D23=D28*SIN(β+0.5*φ+2/X*φ)/COS(β)（大挡边半径）
D25=D28*SIN(β)-D27*SIN(β)+2（小挡边半径）

校验关系成功后，选择【确定】。

同样在程序中加入：

X NUMBER　　　"请输入轴承公称内径："
T NUMBER　　　"请输入轴承公称宽度："
B NUMBER　　　"请输入内圈公称宽度："
E NUMBER　　　"请输入外圈公称小内径："
α NUMBER　　　"请输入公称接触角："
β NUMBER　　　"请输入内滚道中心与母线夹角："
φ NUMBER　　　"请输入滚子母线与其中心夹角："

完成编辑后，对必要的边进行倒角，参数化的内圈效果如图 2-7-6 所示。图中阴影表示零件的转动。

3. 保持架的设计绘图

主体运用草绘—旋转，窗孔运用草绘—拉伸命令。保持架的绘制过程与上述套圈的过程基本相同。首先加入参数：

图 2-7-6　内圈实体图

X=50（轴承公称内径）
T=21.75（轴承公称宽度）
B=20（内圈公称宽度）
C=17（外圈公称宽度）
E=75.078（外圈公称小内径）
DC=34.1（计算直径）
α=15.717（公称接触角）
β=11.717（内滚道中心与母线夹角）
φ=2（滚子母线与其中心夹角）
θ=14.517（保持架内角）
ε0（相关系数）
ε1（相关系数）
ε3（相关系数）

然后绘制旋转的草图，见图 2-7-7。

采用旋转绘制实体，再绘制窗孔。以实体外表面为基准，插入基准面，见图 2-7-8。

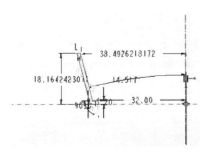

图 2-7-7　草绘保持架截面

图 2-7-8　选择基准面旋转绘图

在这个平面上进行拉伸,绘制拉伸草图,见图 2-7-9。

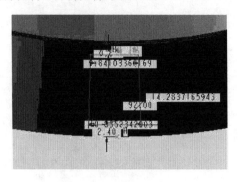

图 2-7-9　拉伸草绘图

草图完成后,选择【反向】→【去除材料】→【完成】,窗孔的绘制完成,再阵列 19 个窗孔。

改变尺寸属性,根据有关设计资料,加入以下关系:

D30=(D44+D45+D43)*COS(θ)+1.2(保持架宽度)

D32=DC+(D43+D44+D45)*SIN(θ)(保持架大端半径)

D34=DC-1.75*d164(保持架底孔半径)

D35=θ(保持架内角)

D43=(B-A0-A1)*COS(φ)/COS(β)-ε3+0.95*(0.5*E/TAN(α)+T-A0)/COS(β)
　　-SQRT(0.95*0.95-SIN(φ)*SIN(φ))*(0.5*E/TAN(α)+T-A0)/COS(β)+ε1(窗孔长度)

D44=2*D164(窗孔大头筋宽)

D45=0.7*D164(小端底边至窗孔距离)

D164=1.2(保持架厚度)

D42=2*(0.5*E/TAN(α)+T-a0)*SIN(φ)/COS(β)+0.1(窗孔大端宽度)

D41=2*(0.5*E/TAN(α)+T-a0)*SIN(φ)/COS(β)-2*(B-a0-a1)*COS(φ)/COS(β)*TAN(φ)
　　-ε3*TAN(φ)+0.1(窗孔小端宽度)

D49=90+φ(窗孔斜边与中心线夹角)

IF　2*(0.5*E/TAN(α)+T-A0)*SIN(φ)/COS(β)>0
　　&2*(0.5*E/TAN(α)+T-A0)*SIN(φ)/COS(β)<=10

　　ε0=0.18

　　ε1=0.3

　　ε3=0.2

ELSE

　　IF　2*(0.5*E/TAN(α)+T-A0)*SIN(φ)/COS(β)>10
　　　　&2*(0.5*E/TAN(α)+T-A0)*SIN(φ)/COS(β)<=18

　　　　ε0=0.2

　　　　ε1=0.4
　　　　ε3=0.3
　　　　ELSE
　　　IF　2*(0.5*E/TAN(α)+T-A0)*SIN(φ)/COS(β)>18
　　　　　&2*(0.5*E/TAN(α)+T-A0)*SIN(φ)/COS(β)<=30
　　　　ε0=0.25
　　　　ε1=0.5
　　　　ε3=0.4
　　　　ELSE
　　　　IF　2*(0.5*E/TAN(α)+T-A0)*SIN(φ)/COS(β)>30
　　　　　&2*(0.5*E/TAN(α)+T-A0)*SIN(φ)/COS(β)<=50
　　　　ε0=0.3
　　　　ε1=0.6
　　　　ε3=0.6
　　　　ELSE
　　　　　ε0=0.5
　　　　　ε1=0.7
　　　　　ε3=0.8
　　　　ENDIF
　　　ENDIF
　ENDIF
ENDIF　（定义 ε0,ε1,ε3 的大小）

校验关系成功后,在程序中加入:

```
X NUMBER    "请输入轴承公称内径:"
T NUMBER    "请输入轴承公称宽度:"
B NUMBER    "请输入内圈公称宽度:"
C NUMBER    "请输入外圈公称宽度:"
E NUMBER    "请输入外圈公称小内径:"
DC NUMBER   "请输入计算直径:"
α NUMBER    "请输入公称接触角:"
β NUMBER    "请输入内滚道中心与母线夹角:"
φ NUMBER    "请输入滚子母线与其中心夹角:"
θ NUMBER    "请输入保持架内角:"
Z NUMBER    "请输入滚子个数:"
```

完成编程后,选择【零件】→【再生】,按照提示输入参数后,零件尺寸即可改变。参数化保持架设计完成,效果如图 2-7-10 所示。

图 2-7-10 保持架实体图

4. 滚子的设计绘图

首先,加入参数:

T=21.75(轴承公称宽度)
B=20(内圈公称宽度)
C=17(外圈公称宽度)
E=75.078(外圈公称小内径)
α=15.717(公称接触角)
β=14.717(内滚道中心与母线夹角)
φ=2(滚子母线与其中心夹角)
ε0(相关系数)
ε1(相关系数)
ε3(相关系数)

在 DTM1 面中进行旋转草绘,见图 2-7-11。

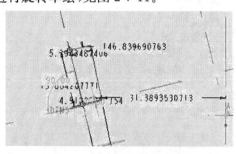

图 2-7-11 草绘滚子截面

草图完成后,旋转绘制实体。

根据有关设计资料,在【工具】→【关系】中加入以下关系:

$D54=0.95*(0.5*E/TAN(\alpha)+T-A0)/COS(\beta)$（球端面曲率半径）

$D50=(B-A0-A1)*COS(\varphi)/COS(\beta)-\varepsilon3+D54-SQRT(D54*D54-D51*D51)$（滚子全长）

$D51=(0.5*E/TAN(\alpha)+T-0.19*B)/COS(\beta)*SIN(\varphi)$（滚子大头半径）

$D52=D51-(B*COS(\varphi)/COS(\beta)-A0*COS(\varphi)/COS(\beta)-A1*COS(\varphi)/COS(\beta)-\varepsilon3)*TAN(\varphi)$
（滚子小头半径）

$D53=\varphi$（滚子母线与其中心夹角）

$D156=(0.5*E/TAN(\alpha)+T-A0)*TAN(\beta)$（滚子母线与中心轴距离）

```
IF   2*(0.5*E/TAN(α)+T-A0)*SIN(φ)/COS(β)>0
    &2*(0.5*E/TAN(α)+T-A0)*SIN(φ)/COS(β)<=10
     ε0=0.18
     ε1=0.3
     ε3=0.2
  ELSE
    IF   2*(0.5*E/TAN(α)+T-A0)*SIN(φ)/COS(β)>10
        &2*(0.5*E/TAN(α)+T-A0)*SIN(φ)/COS(β)<=18
         ε0=0.2
         ε1=0.4
         ε3=0.3
      ELSE
       IF   2*(0.5*E/TAN(α)+T-A0)*SIN(φ)/COS(β)>18
           &2*(0.5*E/TAN(α)+T-A0)*SIN(φ)/COS(β)<=30
            ε0=0.25
            ε1=0.5
            ε3=0.4
         ELSE
          IF   2*(0.5*E/TAN(α)+T-A0)*SIN(φ)/COS(β)>30
              &2*(0.5*E/TAN(α)+T-A0)*SIN(φ)/COS(β)<=50
               ε0=0.3
               ε1=0.6
               ε3=0.6
            ELSE
               ε0=0.5
               ε1=0.7
               ε3=0.8
          ENDIF
        ENDIF
     ENDIF
ENDIF    (定义 ε0,ε1,ε3 的大小)
```

校验关系成功后,在程序中加入:

T NUMBER	"请输入轴承公称宽度:"
B NUMBER	"请输入内圈公称宽度:"
C NUMBER	"请输入外圈公称宽度:"
E NUMBER	"请输入外圈公称小内径:"
α NUMBER	"请输入公称接触角:"
β NUMBER	"请输入内滚道中心与母线夹角:"
φ NUMBER	"请输入滚子母线与其中心夹角:"

完成编程后,点击【再生】,则参数化滚子设计完成,效果见图 2-7-12。

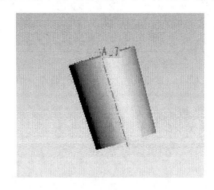

图 2-7-12　滚子实体图

2.7.3　轴承零件装配

完成各个零件设计后,进行轴承的装配。通常,轴承的真实装配步骤为:内圈→保持架→滚子→外圈。由于需要模拟运动,采用下面的装配步骤。

1. 外圈装配

选择【插入】→【元件】→【装配】,由于外圈是参考件,不需要运动,所以对外圈选择默认放置,如图 2-7-13 所示。

2. 内圈装配

首先在内圈的零件图中插入基准面,以 DTM2 面为基准,偏移为 0,放置基准面 DTM4,然后【插入】→【元件】→【装配】,在元件放置中选择销钉连接,内圈的 A_1 轴和外圈的 A_1 轴对齐,内圈的 DTM4 面和组件的 ASM_TOP 面对齐,完成内圈的装配,见图 2-7-14。

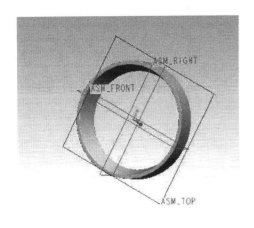
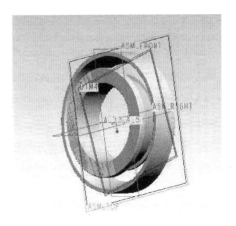

图 2-7-13　选择外圈　　　　　图 2-7-14　套圈对齐过程

3. 保持架装配

在装配之前,先在零件中以 DTM2 面为基准,偏移为 0,插入基准面 DTM5;再以保持架窗孔的小端面为基准,插入 DTM6 面;然后以 DTM6 面和 DTM1 面为基准,插入基准轴 A_6,以 A_1 轴为旋转中心,对 DTM6 面和 A_6 轴进行阵列命令,阵列数为 19(DTM6 面和 A_6 轴是装配滚子时选用的基准)。所有基准完成后,点击【插入】→【元件】→【装配】,选择销钉连接,保持架的 A_1 轴和内圈的 A_1 轴对齐,保持架的 DTM5 面和内圈的 DTM4 面对齐,完成保持架的装配,见图 2-7-15。

图 2-7-15　保持架对齐过程

4. 滚子装配

首先在零件中,以滚子的小端底面为基准,插入平面 DTM6,然后选择【插入】→【元件】→【装配】,选择销钉连接,滚子的旋转轴 A_7 和保持架的 A_6 轴对齐,滚子的 DTM6 面和保持架的 DTM7 面对齐。按照这个步骤,逐个安装剩余的滚子,即完成滚子的装配,见图 2-7-16。

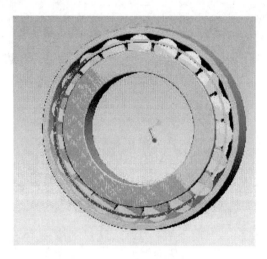

图 2-7-16 滚子对齐过程

轴承的组件安装完成后,在 INPUT 和 END INPUT 间加入:

D	NUMBER	"请输入轴承公称外径:"
X	NUMBER	"请输入轴承公称内径:"
T	NUMBER	"请输入轴承公称宽度:"
B	NUMBER	"请输入内圈公称宽度:"
C	NUMBER	"请输入外圈公称宽度:"
E	NUMBER	"请输入外圈公称小内径:"
DC	NUMBER	"请输入计算直径:"
α	NUMBER	"请输入公称接触角:"
β	NUMBER	"请输入内滚道中心与母线夹角:"
φ	NUMBER	"请输入滚子母线与其中心夹角:"
θ	NUMBER	"请输入保持架内角:"

然后,加入以下程序:

```
EXECUTE PART CSHWAIQUAN0          EXECUTE PART CSHNEIQUAN0
D=D                                X=X
C=C                                T=T
E=E                                B=B
α=α                                E=E
END EXECUTE                        α=α
                                   β=β
                                   φ=φ
                                   END EXECUTE

EXECUTE PART CSHBAOCHIJIA0         EXECUTE PART CSHHUNZI0
X=X                                T=T
T=T                                B=B
B=B                                C=C
C=C                                E=E
E=E                                α=α
DC=DC                              β=β
α=α                                φ=φ
β=β                                END EXECUTE
φ=φ
θ=θ
END EXECUTE
```

完成编程后,即可根据提示的参数来改变组件的尺寸。至此,组件的参数化安装完成。

2.8 圆锥滚子轴承产品运动仿真

2.8.1 轴承运动仿真

组件完成后,选择菜单栏中的应用程序——机构,进行组件的运动分析。选择【连接】→【接头】→【旋转轴】,见图 2-8-1。

首先,对内圈的旋转轴添加伺服电动机,在伺服电动机定义中选择连接轴类型,再选择内圈的 A_1 轴。在【轮廓】→【规范】选项中,选择速度—常数,给电动机定义速度,点击【确定】,完成内圈电动机的添加。

然后,按照上面的步骤依次对保持架每个滚子添加伺服电动机。完成电动机的添加后,选择运动分析选项。首先定义名称,在类型中

图 2-8-1 菜单选择

选择运动学,在优先选项中修改帧数、帧频等,在电动机选项中添加所有的伺服电动机,选择运行,进行干涉分析。

轴承运动仿真的运动参数需要经过复杂的计算才能确定,要利用轴承运动学、动力学的方程求解。这里给出的运动仿真是在已有分析结果后进行的模拟。

2.8.2 滚子打滑分析

与球轴承的打滑分析相似,圆锥轴承也需要计算出滚子的自转角速度。要模拟滚子的打滑,需要改变滚子的速度。在已经获得滚子的自转角速度后,将轴承无滑动时和有滑动时的运动截图进行对比,即可看到滑动的效果。在图2-8-2中,下方着色的滚子显示了它的运动,其中左侧为有打滑运动,右侧为无打滑运动。经过对照,可以明显看出两个滚子位置的差别。当存在打滑时,滚子的运动明显滞后于正常运动时的滚子。

(a) 初始位置

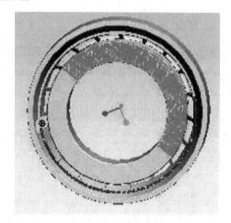

(b) 运行2s后

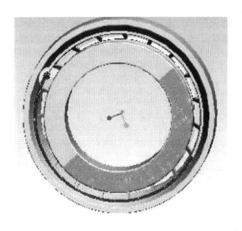 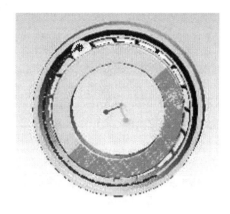

(c) 运行4s后

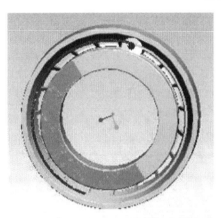 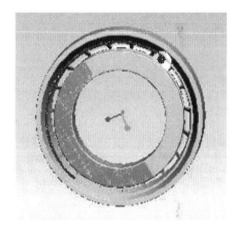

(d) 运行6s后

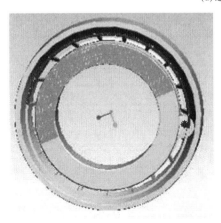 

(e) 运行8s后

(f) 运行结束

图 2-8-2　滚子运动模拟

当圆锥轴承各个零件的装配不合理时,就会发生如下的干涉,见图 2-8-3。图中箭头所指位置就是发生干涉的区域。

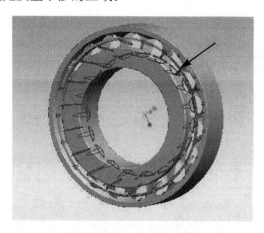

图 2-8-3　圆锥轴承的干涉现象

无论出现打滑还是干涉现象,都与轴承尺寸的准确性和装配的合理性有密切的关系。设计时,应根据这些现象返回修改零件和组件的相关参数值,再生成合理的模型。

第3章 汽车产品(零件)的三维造型设计

3.1 汽车转向机支架三维设计

3.1.1 支架结构

汽车转向机支架(图 3-1-1)是汽车转向装置中重要的组成部分,对汽车转向装置起到支撑与控制作用。该支架作为转向装置的连接部分,主要与调节阀、转向机分配阀盖、密封盖、油缸、输入传动轴连接。转向机支架支撑体(3411A06)实物如图 3-1-2 所示。

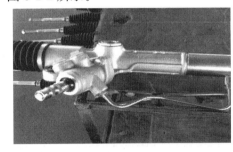

图 3-1-1 转向机支架部件实物图

图 3-1-2 转向机支架支撑体实物图

汽车转向机支架支撑体的主要结构包括:支撑体两端有两个圆孔与两个轴承连接,可以方便灵活地转动,更好地控制转动方向,减少摩擦。支撑体上的分配阀盖接口与转向机分配阀盖连接,阀盖内是输入传动轴,可以控制方向的转动。支架支撑体上的密封盖接口与密封盖连接,起到检查的作用,应防止油渗漏。

3.1.2 支架支撑体特征尺寸

根据转向机支架支撑体的结构特点,将支撑体分为壳体圆柱、支座、分配阀盖接口、密封盖接口以及孔系等。

(1) 支撑体壳体圆柱尺寸。

圆柱的尺寸主要包括几个阶梯圆柱的尺寸,从细端起,长度依次为 50mm、6mm、149.4mm、50mm、7.7mm、2.2mm,对应圆的直径分别为 ϕ39mm、ϕ44.2mm、ϕ38.8mm、ϕ54mm、ϕ50.6mm、ϕ51.6mm。

(2) 支撑体支座尺寸。

支撑体支座由一个长方体和两个半圆柱组成,其中包括两个圆孔和一个小长方形孔。长方体的长为 92mm、宽为 34mm、厚度为 18mm,两个半圆柱的半径为

ϕ17mm。两个圆孔的直径为 ϕ23mm，小长方形孔的长度为 54mm、宽度为 12mm、厚度为 18mm。

(3) 支撑体分配阀盖接口尺寸。

支撑体分配阀盖接口主要由一个方形台和两个圆台组成。其中，圆台 1 由两个直径分别为 ϕ50mm 和 ϕ23mm 的圆组成，厚度为 16mm，其两边到中心圆的长度分别为 37mm 和 43mm；圆台 2 由直径分别为 ϕ50mm、ϕ40mm 和 ϕ26mm 的圆组成，各截面之间的距离分别为 8mm 和 49mm。

(4) 支撑体密封盖接口尺寸。

密封盖接口为圆台，直径分别为 ϕ48mm 和 ϕ42mm，高度为 44mm。

(5) 支撑体孔系尺寸。

支架支撑体上有一系列孔，从转向机支架细端起，孔系直径分别为 ϕ25mm、ϕ38mm、ϕ44mm、ϕ46mm，对应孔的长度为 168mm、16mm、20mm、27mm。

3.1.3 支架支撑体三维设计

1. 使用的软件

三维设计使用的软件是 Pro/E，该软件是美国 PTC 公司推出的一套三维 CAD/CAM 参数化软件系统。主要包括三维模型设计、概念设计、工业造型设计、分析计算、动态模拟与仿真以及工程图的输出。

根据汽车转向机支架支撑体（3411A06）的结构特点，在设计时将支架支撑体分为以下几个模块：支撑体的实体特征设计、密封盖接口设计、分配阀盖接口的设计、支座实体及加强筋的设计和孔系的设计。

2. 创建支撑体拉伸实体

1) 新建文件

在 Pro/E 软件的菜单栏中，依次选择【文件】→【新建】命令，打开【新建】对话框，如图 3-1-3 所示。新建名称为"zhuanxiangzhijia"的文件，选用默认模板，选择

图 3-1-3　新建文件界面

公制单位模板"mmns_part_solid",点击【确定】按钮。

2) 创建拉伸实体特征

(1) 点击【插入】→【拉伸】,弹出拉伸界面。

(2) 点击【定义】按钮,弹出草绘对话框,选择基准面 F2 作为草绘平面,点击【草绘】,进入草绘界面。

(3) 在草绘平面中,绘制如图 3-1-4 的平面图形,且修改圆的直径为 ϕ39mm,点击 ✓。

(4) 点击拉伸面板中的选项,选择深度 50mm 和拉伸方向,得到如图 3-1-5 所示的实体。

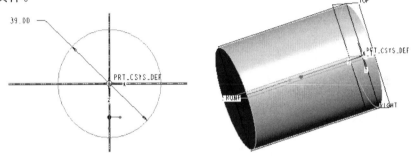

图 3-1-4 草绘平面图形　　　　图 3-1-5 拉伸图形

3) 创建其余拉伸实体特征

按创建第一个拉伸实体特征的步骤,即可继续创建其余拉伸实体特征。在草绘平面上绘制平面圆的直径分别为 ϕ44.2mm、ϕ38.8mm、ϕ54mm、ϕ50.6mm、ϕ51.6mm;在拉伸面板中选择的深度分别为 6mm、149.4mm、50mm、7.7mm、2.2mm。所绘图形如图 3-1-6 所示。

图 3-1-6 实体拉伸图形

3. 创建密封盖接口和分配阀盖接口

1) 利用平行混合剖面创建密封盖接口

(1) 新建平面 DTM1,并将该平面平移 95mm 得到 DTM2 面。将 F1 面平移 37mm 得到 DTM3 面。

（2）执行【插入】→【混合】→【伸出项】命令，然后打开【混合选项】菜单，依次按图 3-1-7 所示步骤选取，最后选择缺省。

图 3-1-7　操作菜单

（3）进入二维草绘界面，依次绘制直径为 $\phi42mm$、$\phi48mm$ 的两个圆，每绘制一个圆都要点击鼠标右键，在弹出的菜单中选择【切换剖面】命令。然后，绘制一个直径为 $\phi180mm$ 的圆，不需要切换剖面。绘制完成后点击☑按钮，退出二维草绘，草绘图如图 3-1-8 所示。

（4）按照系统提示输入截面之间的距离为 44mm。

（5）在混合、平行伸出项对话框中点击【预览】按钮，确认无误后，点击【确定】，获得如图 3-1-9 所示的实体图形。

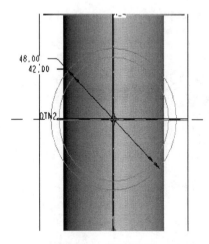

图 3-1-8　草绘图形

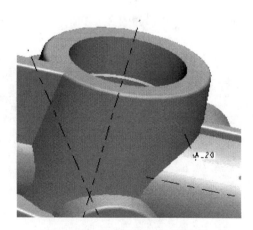

图 3-1-9　密封盖接口实体图形

2）设置基准

（1）选择基准轴，如图 3-1-10 所示。

(2) 依次点击【插入】→【基准】→【平面】→【选取基准面】→【法向】→【选取第二参考孔的轴线】→【穿过】→【确定】→【完成】命令,形成新的基准平面,如图 3-1-11 所示。通过 F18 轴旋转 F16 面,旋转角度为 20°,可得到 DTM6 面,偏移 10mm,可得到 DTM7 面。

图 3-1-10　选择基准轴　　　　　　图 3-1-11　基准平面

3) 创建分配阀盖接口特征

(1) 点击【插入】→【拉伸】,弹出拉伸面板。

(2) 点击【定义】按钮,弹出草绘对话框,选择基准面 F22 作为草绘平面,点击【草绘】,进入草绘界面。

(3) 在草绘平面中,根据分配阀盖接口特征尺寸,绘制如图 3-1-12 所示的平面图形,点击☑按钮。

(4) 点击拉伸面板中的选项,选择深度 16mm 和拉伸方向,得到如图 3-1-13 所示的实体。

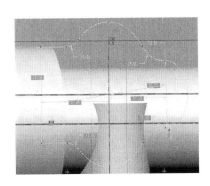
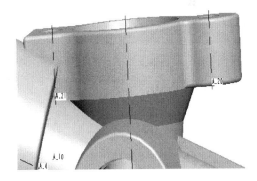

图 3-1-12　草绘图形　　　　　　图 3-1-13　配阀盖接口实体图形

4) 创建分配阀盖接口平行混合剖面

按照对密封盖接口的设计步骤,可以利用同样的方法对分配阀盖接口进行设计。在进入草绘界面时,绘制的圆直径分别为 $\phi50mm$、$\phi40mm$、$\phi26mm$。各截面之间的距离分别为 8mm、49mm,可以得到如图 3-1-14 所示的实体图形。

4. 创建支座及加强筋

1) 创建支座

(1) 平移 F3 轴得到 DTM8 面,如图 3-1-15 所示。

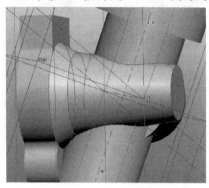

图 3-1-14 实体图形

图 3-1-15 基准平面

(2) 点击【插入】→【拉伸】,弹出拉伸面板。

(3) 点击【定义】按钮,弹出草绘对话框,选择基准面 F22 作为草绘平面,点击【草绘】,进入草绘界面。

(4) 在草绘平面中,绘制如图 3-1-16 所示的平面图形,点击☑按钮。

(5) 点击拉伸面板中的选项,选择深度 18mm 和拉伸方向,得到如图 3-1-17 所示的实体。

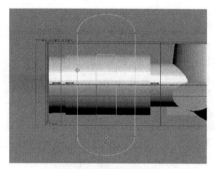

图 3-1-16 草绘图形

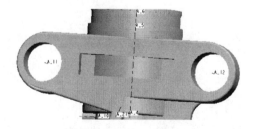

图 3-1-17 支座实体图形

2) 创建加强筋

(1) 平移 F1 轴得到 DTM10 面,如图 3-1-18 所示。

(2) 点击【插入】→【拉伸】,弹出拉伸面板。

(3) 点击【定义】按钮,弹出草绘对话框,选择基准面 F26 作为草绘平面,点击【草绘】,进入草绘界面。

(4) 在草绘平面中,绘制如图 3-1-19 所示的平面图形,点击☑按钮。

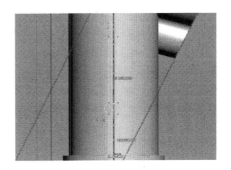

图 3-1-18 基准平面   图 3-1-19 草绘图形

(5) 点击拉伸面板中的选项,选择深度 4mm 和拉伸方向。
(6) 利用上述方法和步骤,可以画出其他的加强筋。

5. 创建孔系

(1) 点击【插入】→【孔】,显示孔控制面板。在直径后输入欲钻孔的直径,在深度后选打通孔,并输入深孔深度值,如图 3-1-20 所示。

图 3-1-20 孔控制面板

(2) 放置:指定打孔的面。
(3) 按住 Ctrl 键,同时选取多个参照对象。
(4) 点击☑按钮,即完成孔特征。
(5) 利用上述步骤,输入孔的直径分别为 ϕ25mm、ϕ38mm、ϕ44mm,孔的长度分别为 168mm、16mm、20mm。在转向机分配阀盖接口的两个圆台上下圆面上,有直径分别为 ϕ40mm、ϕ34mm 和 ϕ34mm、ϕ20mm,长度分别为 18mm 和 8mm 的孔。两个圆柱直径分别为 ϕ20mm 和 ϕ10mm,长度分别为 39mm 和 10mm。至此完成了整个零件孔系的绘制。

根据以上步骤可以完整地画出汽车转向机支架的整体效果图,如图 3-1-21 所示。

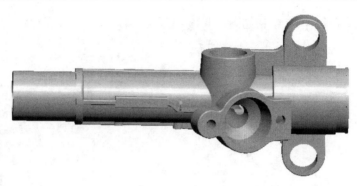

图 3-1-21　整体效果图

3.1.4　支架支撑体视图

创建零件(3411A06)工程平面视图的过程如下。

1. 创建工程图文件

(1) 在菜单栏中依次选择【文件】→【新建】命令。

(2) 出现对话框后,在【类型】选项中选择【绘图】类型,然后在【名称】中输入"zhuanxiangjizhijia",点击【确定】。

(3) 在【新建】界面,如图 3-1-22 所示,选择【使用模板】,点击【确定】。

图 3-1-22　新建视图界面

2. 修改工程图

对创建好的工程图进行修改,并进行尺寸标注,得到如图 3-1-23 所示的工程图。

第 3 章 汽车产品(零件)的三维造型设计

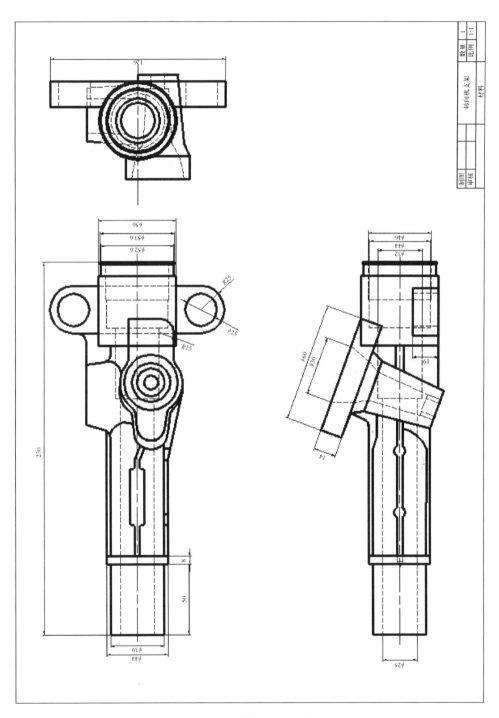

图 3-1-23 零件工程平面视图

3.2 液压分配阀三维设计

3.2.1 分配阀结构

汽车转向机分配阀盖主要由底座、主体圆柱及油口组成。底座通过螺栓与支座相连,在工作过程中起固定的作用。主体圆柱内的阶梯孔主要储存工作时的液压油和转向轴。进出油口主要负责控制整个油路的压力,为整个系统提供动力。分配油口分别控制汽车左转和右转的动力供应。产品零件实物如图 3-2-1 所示。

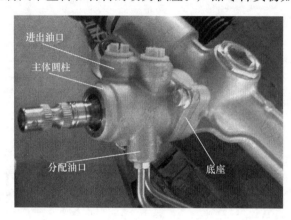

图 3-2-1 产品零件实物图

3.2.2 分配阀结构特征尺寸

根据零件的外形特征可将零件分为主体圆柱、底座、进出油口、分配油口和主体圆柱阶梯孔。

(1) 主体圆柱的尺寸。

主体圆柱是该零件的核心,其余所有的结构都连接在主体圆柱上,该部分的外形特征与尺寸比较简单。主体圆柱的高度为 57.1mm,直径为 ϕ41.8mm。

(2) 底座的尺寸。

底座是该零件与其余零件连接的重要部分。底座由两部分组成,分别是圆盘和过渡圆台。圆盘基圆的直径为 ϕ52.3mm,其余两个圆呈对称分布,相距 77.4mm,通孔的直径为 ϕ10mm,整个圆盘的厚度为 10mm。过渡圆台是圆盘与主体圆柱的过渡部分,其大圆的直径为 ϕ52.3mm,小圆的直径为 ϕ41.8mm,高度为 6.2mm。

(3) 进出油口的尺寸。

进出油口呈中心对称分布。进出油口截面由一个半圆和一个矩形组成,半圆的半径为 $R13.2$mm,矩形的长和宽分别为 14.7mm 和 13.2mm。中心的螺纹和阶梯孔与半圆同心。螺纹参数为 M8.2,节距为 1.5mm,深度为 15mm。阶梯孔的直径分别为 $\phi 8.4$mm 和 $\phi 4.4$mm,深度分别为 24.9mm 和 41.1mm。

(4) 分配油口的尺寸。

分配油口主要在汽车左右转向时向不同的管路供油,以实现助力转向的目的。分配油口的结构与进出油口类似,截面为四个圆,依次外切,呈轴对称分布,直径分别为 $\phi 14.8$mm 和 $\phi 10$mm。两个大圆的圆心距为 25.1mm。螺纹参数为 M5.8,节距为 1.5mm,深度为 9.9mm。阶梯孔的直径分别为 $\phi 7.5$mm 和 $\phi 3.5$mm,深度分别为 15.9mm 和 35.1mm。

(5) 主体圆柱阶梯孔的尺寸。

主体圆柱阶梯孔的主要作用是容纳零件内部的转向轴。阶梯孔截面圆的圆心与主体圆柱同轴。阶梯孔的直径分别为 $\phi 47.8$mm、$\phi 43.4$mm、$\phi 34.7$mm、$\phi 32.7$mm、$\phi 30.7$mm 和 $\phi 24.4$mm,深度分别为 4mm、11.8mm、16.2mm、55.5mm、65.3mm 和 73.3mm。

3.2.3 分配阀三维零件设计

1. 创建并设置绘图目录

(1) 在菜单栏中点击【文件】按钮,选择【新建】之后打开对话框,选择零件,子类型为实体,新建工件名称为"A62"。取消勾选"使用缺省模板",如图 3-2-2 所示。

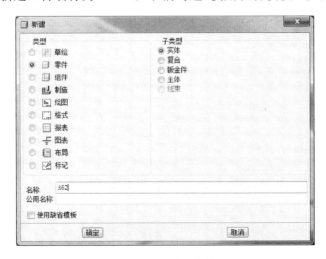

图 3-2-2 创建文件

(2) 选择公制单位模板"mmns_part_solid",然后点击【确定】按钮,如图 3-2-3 所示。

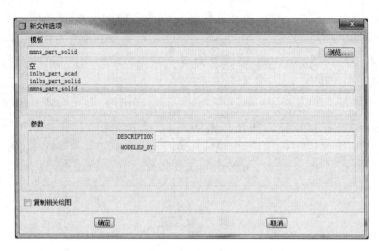

图 3-2-3　模板选择

2. 创建主体圆柱

(1) 创建第一个实体特征,拉伸出主体圆柱。

点击【拉伸】命令,选择 RIGHT 面,拉伸厚度设置为 57.10mm,点击【放置】,选择草绘【编辑】,如图 3-2-4 和图 3-2-5 所示。

图 3-2-4　设置草绘

图 3-2-5　草绘基准面的选择

(2) 草绘出拉伸面,直径为 ϕ41.80mm 的圆,如图 3-2-6 所示。

(3) 点击【保存】按钮,获得实体造型,如图 3-2-7 所示。

第 3 章 汽车产品(零件)的三维造型设计 · 103 ·

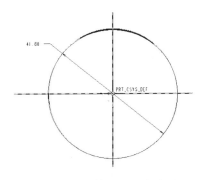 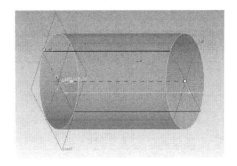

图 3-2-6 主体圆柱的草绘图　　　图 3-2-7 主体圆柱的实体造型

3. 绘制进出油口

(1) 创建参考面 DTM1，点击【基准平面工具】，选择基准平面为 TOP 面，平行距离为 41.06mm，如图 3-2-8 所示。

(2) 选择 DTM1 面进行拉伸，点击【拉伸】，设置拉伸至 TOP 面，如图 3-2-9 所示。

 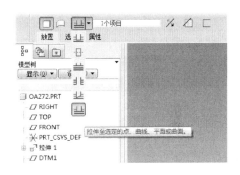

图 3-2-8 设置参考面　　　图 3-2-9 拉伸参数的设置

(3) 点击【放置】，选择草绘【编辑】，参考草绘平面选择 DTM1 面，如图 3-2-10 和图 3-2-11 所示。

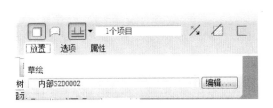 

图 3-2-10 设置草绘　　　图 3-2-11 草绘基准面的选择

(4) 草绘拉伸平面，外形与尺寸如图 3-2-12 所示。

(5) 点击【保存】按钮，获得实体造型，如图 3-2-13 所示。

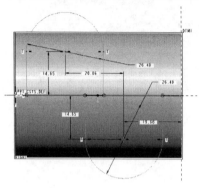
图 3-2-12 进出油口的草绘图

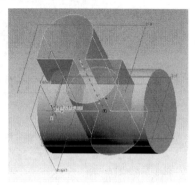
图 3-2-13 进出油口的实体造型

4. 绘制分配油口

(1) 创建参考面 DTM2，穿过 A_1 轴且与 TOP 面的夹角为 60°，如图 3-2-14 所示。

(2) 创建参考面 DTM3，与 DTM2 面平行且距离为 35.14mm，如图 3-2-15 所示。

图 3-2-14 参考面的位置

图 3-2-15 设置参考面

(3) 选择 DTM3 面进行拉伸，点击【拉伸】，设置拉伸至 DTM2 面，如图 3-2-16 所示。

(4) 点击【放置】，选择草绘【编辑】，参考面草绘平面选择 DTM3 面，如图 3-2-17 和图 3-2-18 所示。

(5) 点击【草绘】，进入草绘界面，外形及尺寸如图 3-2-19 所示。

第3章 汽车产品(零件)的三维造型设计

图 3-2-16　拉伸参数的设置

图 3-2-17　设置草绘

图 3-2-18　草绘基准面的选择

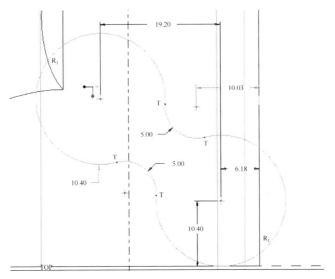

图 3-2-19　分配油口的草绘图

(6) 点击【保存】按钮,获得实体造型,如图 3-2-20 所示。

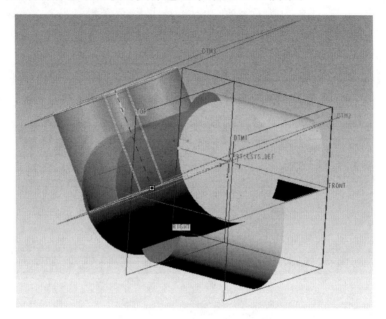

图 3-2-20　分配油口的实体造型

5. 绘制底座

(1) 创建基准平面 DTM4,与 RIGHT 面平行且距离为 63.30mm,如图 3-2-21 所示。

图 3-2-21　草绘平面的选择

(2) 点击【拉伸】指令,选择 DTM4 面,拉伸厚度设置为 10mm,点击【放置】,选择草绘【编辑】,如图 3-2-22 和图 3-2-23 所示。

图 3-2-22 拉伸的参数选择　　　　图 3-2-23 基准平面的选择

(3) 点击【草绘】,进入草绘界面,草绘外形及尺寸如图 3-2-24 所示。

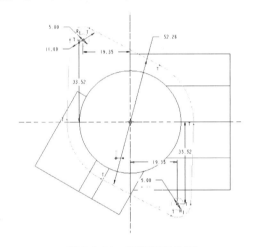

图 3-2-24 底座的草绘图

(4) 点击【保存】按钮,获得实体造型,如图 3-2-25 所示。

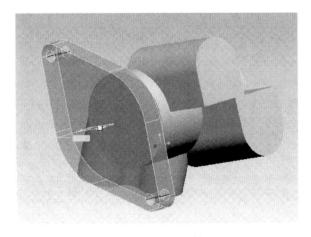

图 3-2-25 底座的实体造型

(5) 点击【旋转】指令,选择 TOP 面,旋转轴为 A_1 轴,点击【放置】,选择草绘【编辑】,如图 3-2-26 所示。

图 3-2-26　旋转轴的选择

(6) 点击【草绘】,进入草绘界面,草绘外形及尺寸如图 3-2-27 所示。

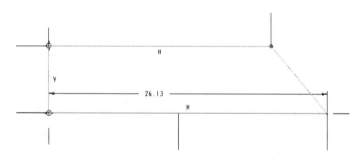

图 3-2-27　圆台的草绘图

(7) 点击【保存】按钮,获得实体造型,如图 3-2-28 所示。

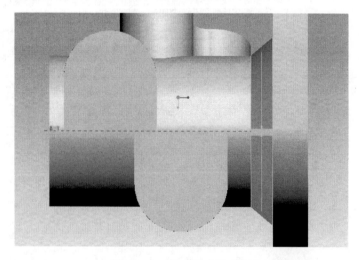

图 3-2-28　圆台的实体造型

6. 去除多余材料

(1) 点击【拉伸】指令,选择 RIGHT 面,拉伸至圆柱顶端,点击【放置】,选择草绘【编辑】,如图 3-2-29 和图 3-2-30 所示。

图 3-2-29 设置草绘

图 3-2-30 草绘基准面的选择

(2) 点击【草绘】,进入草绘界面,草绘外形及尺寸如图 3-2-31 所示。
(3) 将【拉伸】的性质改为【去除材料】,点击【保存】按钮获得去除材料后的实物造型,如图 3-2-32 所示。

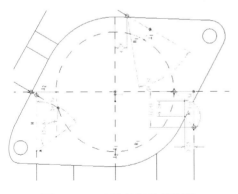

图 3-2-31 去除材料的草绘图

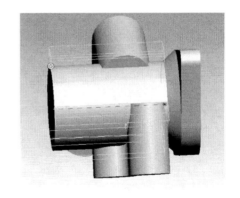

图 3-2-32 去除材料的实体造型

7. 外形进行倒角

(1) 选择【倒圆角】指令,形状为圆球,半径为 0.5mm,如图 3-2-33 所示。
(2) 选定需要倒角的边,如图 3-2-34 所示。

图 3-2-33　倒角的参数设置

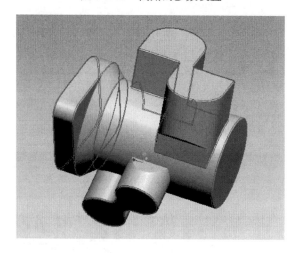

图 3-2-34　倒角

8. 绘制主体圆柱阶梯孔

(1) 主体圆柱的阶梯孔需要用去除材料的旋转进行绘制,点击【旋转】指令,选择 TOP 面,旋转轴为 X 轴,点击【放置】,选择草绘【编辑】,如图 3-2-35 所示。

(2) 点击【草绘】,进入草绘界面,草绘外形如图 3-2-36 所示。

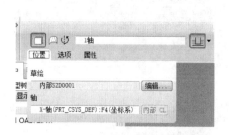

图 3-2-35　草绘平面和旋转轴的选择

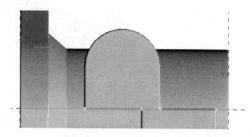

图 3-2-36　阶梯孔草绘图

(3) 点击【保存】按钮，获得实体造型，如图 3-2-37 所示。

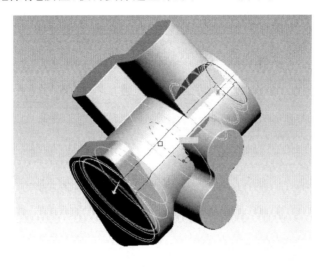

图 3-2-37　阶梯孔的实体造型

9. 绘制进出油口的阶梯孔

(1) 创建参考轴 A_4、A_6，两条轴线分别通过进出油口外圆的圆心且垂直于 DTM1 面，如图 3-2-38 所示。

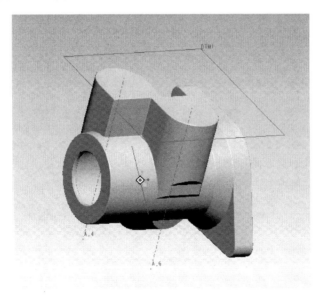

图 3-2-38　创建参考线

(2) 创建参考面 DTM5、DTM6，两平面均平行于 RIGHT 面，且分别包含 A_4、A_6 轴。点击【旋转】指令，选择 DTM5 面，旋转轴为 A_4 轴，点击【放置】，选择草绘【编辑】，如图 3-2-39 所示。

图 3-2-39　草绘平面及旋转轴的选择

(3) 点击【草绘】，进入草绘界面，草绘外形及尺寸如图 3-2-40 所示。

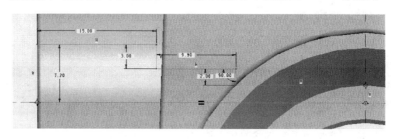

图 3-2-40　阶梯孔草绘图

(4) 设置【旋转】属性为【去除材料】，点击【保存】按钮，获得实体造型，如图 3-2-41 所示。

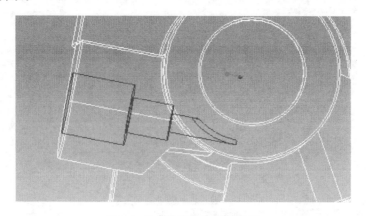

图 3-2-41　阶梯孔的实体造型

(5) 点击【旋转】指令，选择 DTM6 面，旋转轴为 A_6 轴，点击【放置】，选择草绘【编辑】,如图 3-2-42 所示。

图 3-2-42 草绘平面及旋转轴的选择

(6) 点击【草绘】,进入草绘界面,草绘外形及尺寸如图 3-2-43 所示。

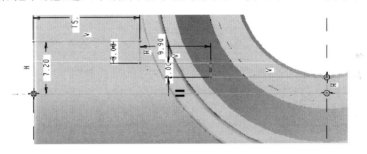

图 3-2-43 阶梯孔草绘图

(7) 设置【旋转】属性为【去除材料】,点击【保存】按钮,获得实体造型,如图 3-2-44 所示。

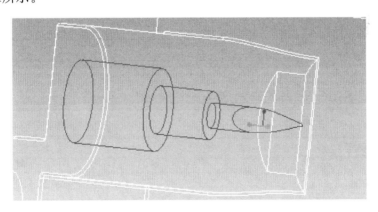

图 3-2-44 阶梯孔的实体造型

10. 绘制分配油口的阶梯孔

(1) 创建参考轴 A_8、A_10,两轴线分别通过分配油口外圆的圆心且垂直于 DTM3 面,如图 3-2-45 所示。

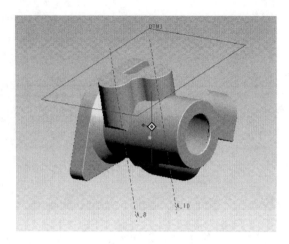

图 3-2-45　设置参考线

（2）创建参考面 DTM8、DTM9，两平面均平行于 RIGHT 面，且分别包含 A_8、A_10 轴。点击【旋转】指令，选择 DTM8 面，旋转轴为 A_8 轴，点击【放置】，选择草绘【编辑】，如图 3-2-46 所示。

图 3-2-46　草绘平面及旋转轴的选择

（3）点击【草绘】，进入草绘界面，草绘外形及尺寸如图 3-2-47 所示。

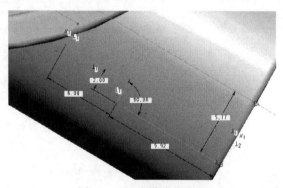

图 3-2-47　阶梯孔草绘图

(4)将【旋转】属性改为【取出材料】,点击【保存】按钮,获得实体造型,如图 3-2-48 所示。

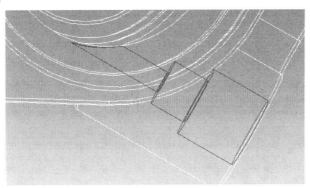

图 3-2-48 阶梯孔的实体造型

(5)点击【旋转】指令,选择 DTM9 面,旋转轴为 A_10 轴,点击【放置】,选择草绘【编辑】,如图 3-2-49 所示。

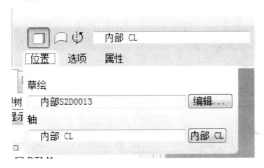

图 3-2-49 草绘平面及旋转轴的选择

(6)点击【草绘】,进入草绘界面,草绘外形及尺寸如图 3-2-50 所示。

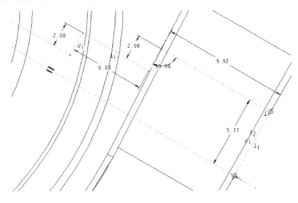

图 3-2-50 阶梯孔草绘图

(7) 将【旋转】属性改为【取出材料】，点击【保存】按钮，获得实体造型，如图 3-2-51 所示。

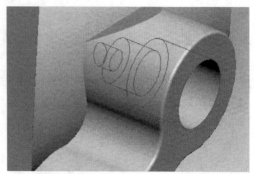

图 3-2-51　阶梯孔的实体造型

11. 绘制进出油口与分配油口的螺纹孔

(1) 在菜单栏中依次选择插入、螺旋扫描、切口，草绘平面为 DTM6 面，旋转轴为 A_6 轴，其余参数如图 3-2-52 所示。

图 3-2-52　螺纹的参数设置

(2) 点击【确定】后，获得实体造型，如图 3-2-53 所示。

(3) 其余螺纹均采用类似步骤。最后完成的图形如图 3-2-54 所示。

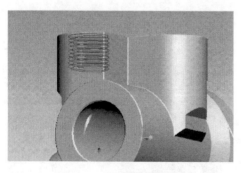 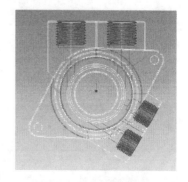

图 3-2-53　螺纹实体图　　　　　　图 3-2-54　零件三维图

3.2.4 分配阀零件视图

(1)在菜单栏中依次选择【文件】→【新建】命令;在对话框【类型】选项中,选择【绘图】文件类型,然后点击【确定】。在【新建】对话框中,勾选"使用缺省模板",如图 3-2-55 所示,点击【确定】,如图 3-2-56 所示。

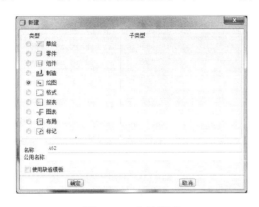

图 3-2-55 文件类型

图 3-2-56 模型模板

(2)对创建好的工程图进行尺寸标注、修改,得到二维零件视图如图 3-2-57 所示。

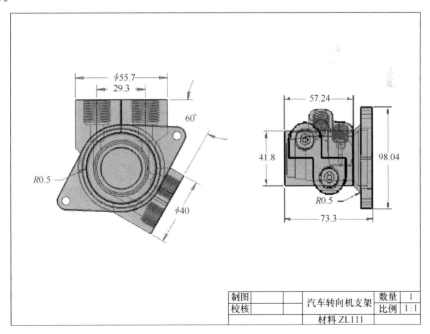

图 3-2-57 零件视图

3.3 转向机传动轴系统三维设计

3.3.1 传动输入轴系统结构

转向机输入轴系统包括输入轴、传动斜齿轮轴、齿条轴等。

1. 输入轴的结构尺寸

输入轴为阶梯轴,其结构包括渐开线外花键、半圆键槽、楔形平面、光滑圆面、圆形通孔等。轴的中间是由两个直径不相同的内孔连接而成的通孔,并且楔形平面上有圆形通孔。半圆键槽的中心位置上有通孔,与该通孔在同一方向的退刀槽上也有一个通孔。其中,渐开线外花键中间被一个凹槽分开,八个楔形键槽均匀分布在一个光滑外圆的一周,四个通孔均匀分布在八个键槽的中心位置,零件实物图如图 3-3-1 所示。

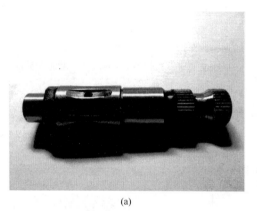 

(a)   (b)

图 3-3-1 输入轴零件实物

(1)阶梯轴的各直径尺寸。从输入轴的左端开始,阶梯轴外圆面的直径尺寸分别为 $\phi14mm$、$\phi20.6mm$、$\phi21mm$、$\phi17.94mm$、$\phi19mm$、$\phi16mm$、$\phi13mm$。渐开线外花键部分的外径为 $\phi17mm$。

(2)阶梯轴的轴向长度尺寸。从左到右的轴向尺寸分别为 10mm、6mm、28.5mm、1.5mm、17.5mm、2mm、3.5mm,两端花键的轴向尺寸分别为 9mm、8mm,各个圆柱的倒角尺寸分别为 0.2mm、$R1mm$、0.5mm、0.2mm、0.2mm、1.5mm、$R2mm$、2.5mm、1mm(其中带 R 的尺寸表示圆弧半径尺寸,其余的为倒角的轴向尺寸)。

(3)其他尺寸。半圆键槽的尺寸,从上到下的投影面为一个长 20mm、宽 4mm 的矩形,将投影面旋转 $90°$,投影同一个键槽得到从上到下的径向尺寸高度为

1mm,键槽中心位置的圆形通孔的直径为 ϕ2.5mm。

楔形平面尺寸,向楔形平面中间圆圆心轴线的平行面进行投影,楔形平面上通孔的直径为 ϕ4mm。退刀槽上通孔的直径为 ϕ2.5mm。

轴1花键端面上的内孔直径为 ϕ9mm,孔的轴向深度为 20mm,另一端面上的内孔直径为 ϕ11mm,轴向深度为 72mm。轴1的轴向尺寸的总长度为 92mm。

2. 传动斜齿轮轴的结构尺寸

传动斜齿轮轴的实物如图 3-3-2 所示,它是由斜齿轮与阶梯轴段连接而成,图中右端轴段中有空心轴段。

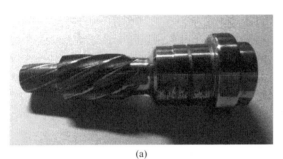

(a)　　　　　　　　　　　　　(b)

图 3-3-2　传动斜齿轮轴实物

1) 轮齿部分尺寸

齿轮螺旋角 β 为 30°,端面齿距 p_t 为 8.5mm,由斜齿轮的计算公式 $p_t = \pi m_n / \cos\beta$ 可计算出法面模数 $m_n = 2.25$。该斜齿轮按照标准斜齿轮计算,其法面压力角为 20°,法面齿顶高系数为 1mm,法面顶隙系数为 0.25,齿轮的齿数为 8。

2) 其他尺寸

以左端面为基准,从基准面到齿轮完整部分右侧的轴向尺寸为 48.6mm,基准面到第一个阶梯轴端面的轴向尺寸为 55mm,齿轮段右侧轴段的直径为 ϕ15.5mm。第一个阶梯轴段的直径为 ϕ24.4mm,轴向尺寸为 8mm。从左向右第二个阶梯轴段的直径为 ϕ25.3mm,轴向尺寸为 5.4mm。第一个退刀槽的直径为 ϕ23.4mm,轴向尺寸为 1.5mm。第一个阶梯轴段右侧的轴段直径为 ϕ25.3mm,轴向尺寸为 7mm。第二个退刀槽的直径为 ϕ25mm,轴向尺寸为 1.5mm。与第二个退刀槽相连接的最大的轴段直径为 ϕ33mm,轴向尺寸为 8mm。最右侧轴段的直径为 ϕ26mm,轴向尺寸为 5.6mm,轴2的轴向尺寸的总长度是 92mm。

空心轴段的尺寸以最右侧端面为基准,第一个空心轴段的内孔直径为 ϕ17.6mm,轴向尺寸为 7.7mm。第二个空心轴段的直径为 ϕ16.6mm,轴向尺寸为 9.1mm。第三个空心轴段的直径为 ϕ9mm,轴向尺寸为 5.8mm,空心轴段的端面倒角直径为 ϕ1mm。斜齿轮轴段的顶针凹槽内孔直径为 ϕ3.9mm,深度为 6.28mm,倒角直径为 ϕ1.25mm,齿轮轴外端面的倒角直径为 ϕ1mm。第一个阶梯

轴段的倒角直径为 $\phi1.5\text{mm}$，它与齿轮轴段的半圆倒角直径为 $\phi2\text{mm}$。最大阶梯轴段的两边圆弧倒角直径为 $\phi1.5\text{mm}$。

3. 齿条轴的结构尺寸

齿条轴的结构是在圆柱形轴的表面分布有斜齿条，斜齿条与斜齿轮啮合。在轴的两端都有内螺纹结构，轴心部分有一段空心圆孔，圆孔上分布有两个小圆孔。齿条轴的齿条结构如图 3-3-3 所示。

图 3-3-3　齿条轴实物

1) 齿条部分尺寸

该齿条按照标准齿条进行计算，其压力角 α 为 $20°$，标准模数 $m=1.75$，齿条凹槽个数为 31。齿条的尺寸计算如表 3-3-1 所示。

表 3-3-1　齿轮参数

名称	代号	计算公式
模数	m	1.75
周节	t	$t=\pi m$
齿厚	S	$S=1.5708m$
齿顶高	h_1	$h_1=m$
齿根高	h_2	$h_2=1.25m$
齿全高	h	$h=2.25m$
压力角	α	$\alpha=20°$

2) 内螺纹部分尺寸

内螺纹 1（靠近齿条）的尺寸：内螺纹 1 的大径为 $\phi15\text{mm}$，小径为 $\phi13\text{mm}$，螺距为 1.5mm，螺纹距端面距离为 3mm，内螺纹轴向深度为 11mm，内螺纹槽的深度距端面 20mm，槽底的球面凹槽的直径为 $\phi9\text{mm}$，球面凹槽的轴向尺寸为 2mm。

内螺纹 1 的外圆倒角为 1.5mm。齿条部分齿顶平面到另一圆柱面的垂直距离为 25mm。圆杆直径为 $\phi30\text{mm}$，总长度为 675mm。

内螺纹 2（远离齿条）的尺寸：内螺纹 2 的大径为 $\phi14\text{mm}$，小径为 $\phi12\text{mm}$，螺距为 1.5mm，螺纹距端面距离为 4mm，内螺纹轴向尺寸为 10mm，内螺纹槽的深度距端面 19mm，底端的部分空心轴段的直径为 $\phi9\text{mm}$，距端面的轴向深度为 450mm。

内螺纹 2 一端的外圆倒角为 0.5mm，内螺纹内倒角为 1.5mm。

轴(内螺纹2一端)的外圆直径为ϕ29mm,轴向长度为23mm,轴上的圆孔直径为ϕ3.8mm,圆心距端面距离为21.5mm,同一方向上的另一圆孔圆心距同一端面轴向距离为435mm。圆杆上的两个小退刀槽的直径为ϕ28.3mm,宽度为2mm,两者相距7mm,靠近内螺纹2一端的凹槽距端面距离为222mm。

3.3.2 输入轴三维造型设计

由于输入轴为阶梯轴,其结构包括渐开线外花键、半圆键槽、楔形平面、光滑圆面、圆形通孔等部分,所以采用分模块设计。

已知渐开线外花键的外径为ϕ17mm,即$D_{ee}=17$mm,花键的齿数为36。由花键的计算公式

$$D_{ee}=m(z+1)$$

可以计算出花键的模数为0.46mm,花键的内径可由下式求得:

$$D_{ie}=m(z-1.5)$$

利用Pro/E软件进行三维建模,整个零件的三维设计步骤过程如下:首先进行输入轴渐开线花键部分的建模,可先将花键部分看成一个完整的花键,再经过中间部分的切除材料而形成。

1. 花键基本圆的创建

首先创建一个新的文件,命名为shaft,然后点击工具中的参数,会弹出一个参数对话框,在对话框中设置新建花键的各个主要参数值,模数为0.46(上面已经计算出),齿数为36,压力角为30°。分度圆直径d、外圆直径d_a、基圆直径d_b、内圆直径d_f由系统根据关系公式计算得出,设计好的参数如图3-3-4所示。

图 3-3-4 参数设定框

草绘四个同心圆,选择工具菜单中的关系操作,在弹出的界面中输入渐开线花键各个圆的公式建立关系,输入的公式如下：

da=(z+1)*m
df=(z-1.5)*m
d=m*z
db=d*cos(alpha)
D0=d
D1=da
D2=df
D3=db

点击界面中的【确定】,系统将自动进行四个同心圆尺寸的确定,四个同心圆分别为外径 d_a、分度圆直径 d、基圆直径 d_b、内径 d_f,再点击【再生】,则确定好的四个同心圆的直径就会自动生成。输入关系式的界面和生成的草绘图如图 3-3-5 和图 3-3-6 所示。

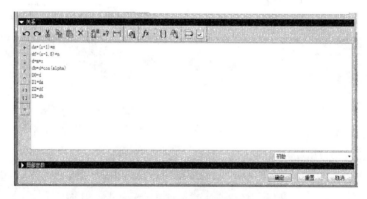

图 3-3-5　关系输入面板

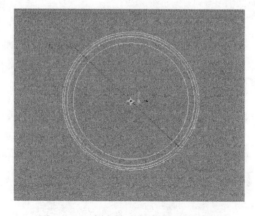

图 3-3-6　完成关系操作后的草绘图

2. 花键渐开线的创建

点击工具栏中的【曲线】按钮,利用公式进行花键渐开线的绘制,选择坐标中心和笛卡儿方程,出现一个记事本框,在记事本中输入下列方程:

```
ang=90*t
r=db/2
s=PI*r*t/2
xc=r*cos(ang)
yc=r*sin(ang)
x=xc+s*sin(ang)
y=yc-s*cos(ang)
z=0
```

保存记事本中的内容,点击【确定】就生成了齿轮的渐开线。记事本页面和创建的渐开线如图 3-3-7 和图 3-3-8 所示。

图 3-3-7 渐开线方程页面

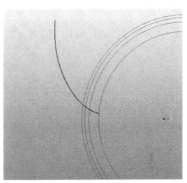

图 3-3-8 生成一条渐开线

3. 渐开线的镜像

首先在渐开线和分度圆的交点处创建一个基准点,在 TOP 面和 RIGHT 面的交线处建立一个基准轴线,再以上述基准点和基准轴线创建一个基准平面,然后以该基准平面和基准轴线创建新的基准面,输入旋转角度为 360/(4z),点击【是】,添加特征关系。选择创建的渐开线,进行镜像操作,以新建的旋转平面为镜像平面,完成镜像后的渐开线如图 3-3-9 所示。

图 3-3-9 完成镜像后的两条渐开线

4. 花键齿根圆的拉伸

花键轮齿通过拉伸命令得到。首先修整渐开线和齿根圆组成的轮齿形状,齿根圆曲率半径按 0.4m 进行计算,将修整好的轮齿进行拉伸,拉伸长度为 25mm。修整好的齿形和拉伸好的轮齿如图 3-3-10 和图 3-3-11 所示。

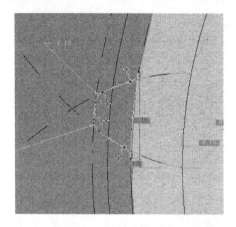 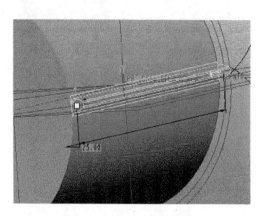

图 3-3-10 轮齿草绘图　　　　图 3-3-11 轮齿拉伸预览图

5. 花键轮齿的阵列

选择已经拉伸好的轮齿,进行阵列操作。以中心轴线为旋转轴,旋转角度为 $360/z$,点击【是】,添加关系,从而完成全部轮齿的建模。完成阵列后的花键如图 3-3-12 所示。

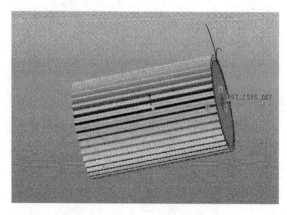

图 3-3-12 完成阵列后的花键

6. 轮齿修剪

首先以齿轮带渐开线的面为基准向内偏移 10.5mm 新建平面 DTM3,以新建平面为基准进行修剪材料拉伸操作,完成两段齿轮之间凹槽的建模。然后进行中心轴旋转修剪材料操作、中心槽两边轮齿的倒角操作、修剪轮齿两边的倒角操作。齿轮修剪前后的效果如图 3-3-13 所示。

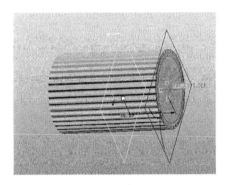 

(a) 修剪前　　　　　　　　　　　　(b) 修剪后

图 3-3-13　修剪前后的花键

7. 阶梯轴段

以花键左端面为基准,进行直径为 ϕ16mm 的圆柱拉伸,拉伸长度为 2mm。再拉伸直径为 ϕ19mm 的圆柱,拉伸长度为 19mm。然后进行右端的倒角减材料旋转操作。完成后的效果如图 3-3-14 所示。

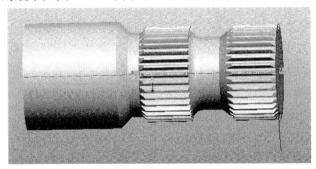

图 3-3-14　阶梯轴段

然后以左端面为基准,进行退刀槽的拉伸,拉伸长度为 1.5mm。再以新拉伸的左端面为基准,进行直径为 ϕ21mm 的圆柱拉伸,拉伸长度为 28.5mm。再拉伸直径为 ϕ20.6mm 的圆柱,拉伸长度为 6mm。最后拉伸直径为 ϕ14mm 的圆柱,拉伸长度为 10mm。完成整个长度的拉伸后的效果如图 3-3-15 所示。

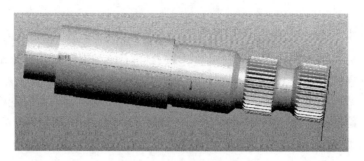

图 3-3-15　完整阶梯轴段

8. 其他部分的修剪

进行直径为 $\phi 21\text{mm}$ 的圆柱面上半圆键槽的拉伸和阵列操作，阵列出 8 个等间距的键槽。键槽进行拉伸时的草绘图如图 3-3-16 所示。

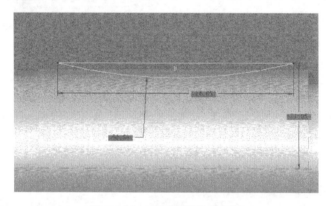

图 3-3-16　半圆键槽的草绘图

进行键槽中心直径为 $\phi 3\text{mm}$ 的圆孔的拉伸，然后阵列出等距分布的 4 个圆形通孔，两边拉伸宽度为 4mm。阵列效果如图 3-3-17 所示。

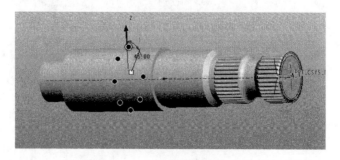

图 3-3-17　半圆键槽的阵列

进行平台面修剪拉伸。在楔形平面的方向新建一个平面,然后在平台面中心进行拉伸减材料操作。平台面拉伸的草绘图如图 3-3-18 所示。进行直径为 ϕ4mm 的通孔建模,完成后的平台面和通孔的效果如图 3-3-19 所示。

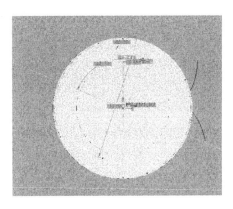 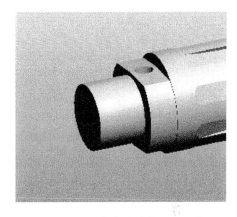

图 3-3-18　平台面的草绘图　　　　图 3-3-19　完成的平台面和通孔

进行退刀槽建模。在中间台阶圆处建立退刀槽。然后进行退刀槽上直径为 ϕ2.5mm 的通孔的减材料拉伸操作,沿直径方向上剪切出退刀槽上的圆形通孔。以带花键的端面为基准进行直径为 ϕ9mm 的内通孔的减材料拉伸操作,拉伸长度为 20mm;然后以另一端面为基准进行直径为 ϕ11mm 的内通孔的减材料拉伸操作,拉伸长度为 72mm。这两个内圆通孔是连接在一起的。

按各个倒角的尺寸进行倒角操作,从而完成整个输入轴的建模,完整的转向器输入轴建模效果如图 3-3-20 所示。

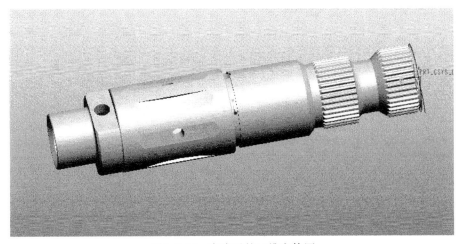

图 3-3-20　完成后的三维实体图

创建视图,进行尺寸标注、修改,得到的视图如图 3-3-21 所示。

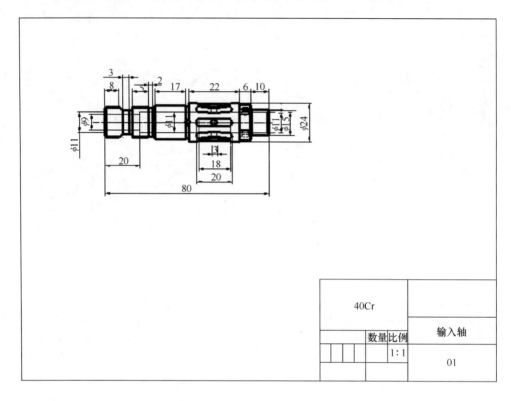

图 3-3-21　输入轴视图

3.3.3　传动斜齿轮轴三维造型设计

1. 斜齿轮部分的建模

1) 齿轮基本圆的创建

首先进行斜齿轮参数的定义以及尺寸基本关系的建立,在工具的"关系"和"参数"中输入斜齿轮的参数和基本圆尺寸的计算公式,参数及关系对话框如图 3-3-22 和图 3-3-23 所示。

然后草绘四个同心圆,并标注尺寸。将同心圆与上述参数建立关系,即生成了斜齿轮的四个基本圆,如图 3-3-24 所示。

DESCRIPTION	字符串		☑	完全	用户定义的
MODELED_BY	字符串		☑	完全	用户定义的
MN	实数	2.250000	☐	完全	用户定义的
Z	实数	6.000000	☐	完全	用户定义的
ALPHA	实数	20.000000	☐	完全	用户定义的
BETA	实数	30.000000	☐	完全	用户定义的
B	实数	48.600000	☐	完全	用户定义的
HAX	实数	1.000000	☐	完全	用户定义的
CX	实数	0.250000	☐	完全	用户定义的

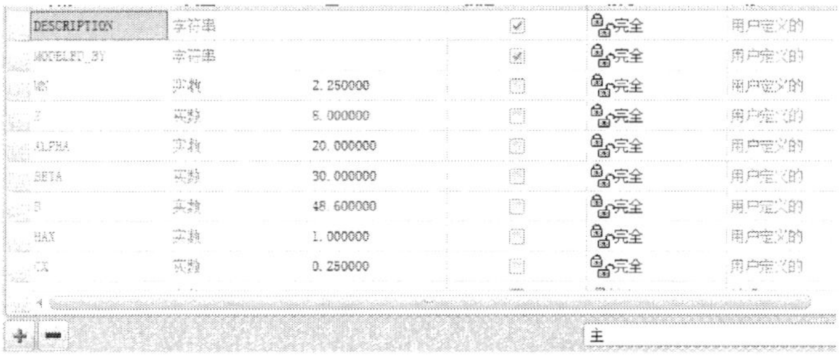

图 3-3-22　参数输入框

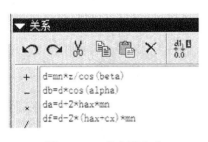

图 3-3-23　基本圆公式

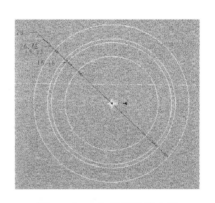

图 3-3-24　生成后的基本圆

2）渐开线的绘制及镜像

利用直角坐标方程创建渐开线，在弹出的记事本中输入渐开线方程，然后保存渐开线方程，退出记事本即可生成渐开线，如图 3-3-25 和图 3-3-26 所示。

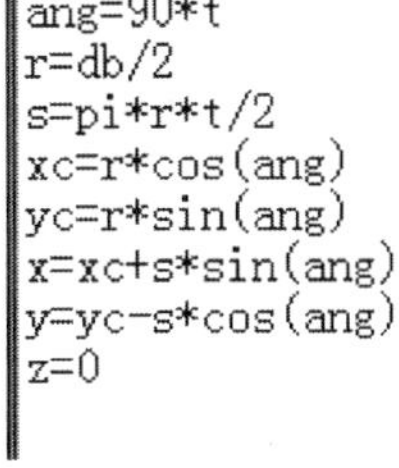

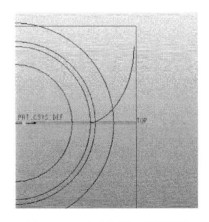

图 3-3-25　渐开线方程

图 3-3-26　生成的第一条渐开线

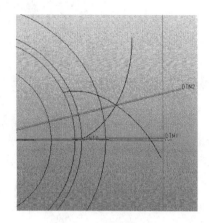

图 3-3-27 镜像后的渐开线

创建渐开线与分度圆的交点,以创建的基本点和轴建立一个平面,然后将该平面绕轴旋转 $360°/(4z)$,得到一个新的平面,以这个新平面为镜像平面进行渐开线的镜像,镜像后的效果如图 3-3-27 所示。

3) 斜齿的创建

首先拉伸齿轮的齿根圆为实体,然后拉伸齿轮的分度圆为曲面,完成的拉伸效果如图 3-3-28 所示。再画出螺旋线,利用投影功能将螺旋线投影到所拉伸的分度圆曲面上,草绘螺旋线一端的齿形截面,所投影的螺旋线及齿形的草绘图如图 3-3-29 和图 3-3-30 所示。

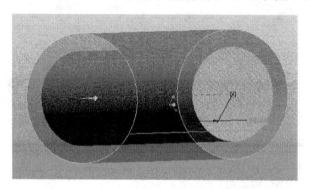

图 3-3-28 拉伸的分度圆曲面

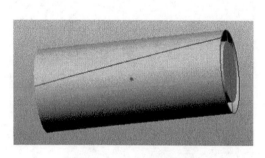

图 3-3-29 投影后的螺旋线

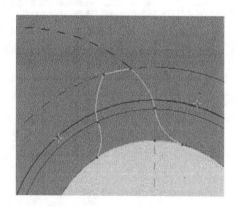

图 3-3-30 草绘后的轮齿

利用编辑工具中的特征操作功能将草绘好的齿轮的一个截面复制移动到齿轮齿根圆的另一端面,再次利用特征操作中的复制旋转功能,绕中心旋转轴旋转 $\arcsin(2\times 48.6\times \tan(30/d))$,刚好和螺旋线的另一端相连,则在螺旋线投影面上的两个端点出现两个轮齿轮廓,如图 3-3-31 所示。

插入扫描混合工具,选择螺旋线为扫描轨迹,按照箭头方向依次选择已经复制好的螺旋线两端的轮齿截面进行扫描,完成扫描混合的第一个轮齿的效果如图 3-3-32 所示。

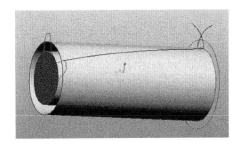 

图 3-3-31 复制移动后的轮齿截面   图 3-3-32 轮齿扫描混合的预览图

利用【阵列】工具,将已经完成的一个轮齿进行阵列操作,从而完成整个轮齿的建模,完成后的齿轮效果如图 3-3-33 所示。

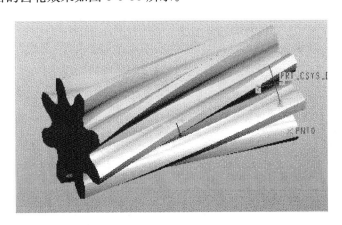

图 3-3-33 阵列后的全部轮齿

2. 其他部分的建模

首先拉伸与轮齿相连的圆柱体,然后利用旋转减材料工具进行轮齿部分的修整和剪切,齿轮修剪的草绘图及修剪后的轮齿如图 3-3-34 和图 3-3-35 所示。

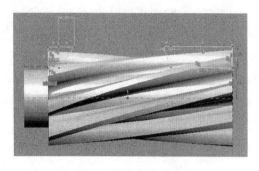

图 3-3-34 轮齿修剪的草绘图

图 3-3-35 修剪后的轮齿

以轮齿左端为基准,依次利用拉伸操作进行阶梯轴段的拉伸,拉伸完成后的效果如图 3-3-36 所示。

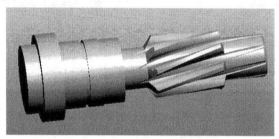

图 3-3-36 阶梯轴段的拉伸

利用拉伸减材料操作进行空心部分的拉伸操作(两端面),完成后的效果如图 3-3-37 和图 3-3-38 所示。

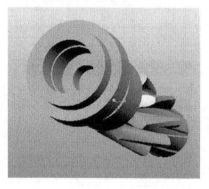

图 3-3-37 减材料后的效果图

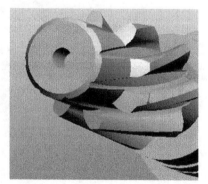

图 3-3-38 减材料后的效果图

最后,进行倒角处理,完成倒角后的完整的建模模型如图 3-3-39 所示。

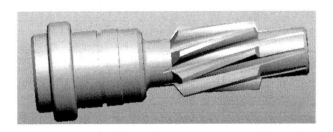

图 3-3-39　完成的三维实体图

3.3.4　齿条轴三维造型设计

1. 齿条部分的建模

首先利用拉伸功能拉伸直径为 $\phi30mm$ 的圆杆,拉伸长度为 675mm,然后利用拉伸减材料功能剪切出有齿条部分的平面,完成后的效果如图 3-3-40 所示。

图 3-3-40　轮齿所在平面的剪切效果图

以图 3-3-40 右端的平面为基准向内平移 23mm,新建一个斜平面,然后以该新建斜平面与前面剪切得到的齿顶平面的交线作为新的轴线,并以该轴线为基准草绘与该轴线倾斜 5°的直线作为齿条的倾斜引线,如图 3-3-41 所示。在该倾斜引线的一端画出齿条的一个凹槽轮廓,如图 3-3-42 所示。

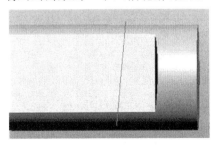 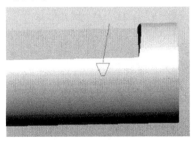

图 3-3-41　倾斜引线　　　　　　图 3-3-42　齿条轮廓的草绘图

利用【插入】中的扫描切口工具进行一个轮齿的扫描建模,以上面草绘的齿条轮廓为截面,以倾斜引线为扫描轨迹,方向为材料内侧,完成轮齿,如图 3-3-43 所示。利用阵列工具,在齿条平面的方向进行方向阵列,阵列个数为 31,两齿之间的距离为 6.2mm,完成阵列后的齿条如图 3-3-44 所示。

图 3-3-43 完成扫描切口的一个轮齿

图 3-3-44 完成阵列后的齿条

2. 螺纹内孔的建模

图 3-3-45 螺纹孔的拉伸

首先利用拉伸减材料和旋转减材料进行 1 号螺纹内孔的建模,切出螺纹内孔和底部的半圆形凹槽,完成后的剪切模型如图 3-3-45 所示。

利用【插入】中的螺旋扫描切口工具进行 1 号内螺纹的建模。首先草绘出螺纹的螺旋引线,方向为右旋螺纹,画出中心线,点击完成草绘,输入节距为 1.5mm。完成后的内螺纹如图 3-3-46 所示。

然后利用倒角工具进行 1 号螺纹的倒角,完成倒角后的螺纹口如图 3-3-47 所示。利用同样的方法可进行 2 号内螺纹的建模。

图 3-3-46 完成螺旋扫描的内螺纹

图 3-3-47 螺纹口的倒角

3. 其他部分的建模

利用拉伸减材料工具进行 2 号内螺纹直径为 $\phi 9\text{mm}$ 的内孔剪切；利用拉伸减材料工具剪切出 2 号内螺纹的直径为 $\phi 29\text{mm}$ 的外圆；利用拉伸减材料工具剪切出 2 号内螺纹外圆上的圆孔以及另一个圆孔。完成后的圆形通孔如图 3-3-48 和图 3-3-49 所示。

图 3-3-48　圆形通孔 1 的剪切　　　　图 3-3-49　圆形通孔 2 的剪切

在圆柱外圆凹槽处新建平面，以该新建平面为基准进行凹槽的拉伸减材料剪切，切出两个凹槽，然后倒角，完成后的外圆凹槽如图 3-3-50 所示。完整的齿条轴三维造型如图 3-3-51 所示。

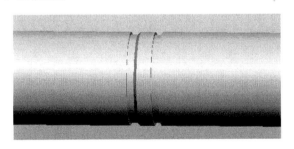

图 3-3-50　外圆凹槽的拉伸

图 3-3-51　完整的齿条轴三维造型

3.4 转向机支座三维设计

汽车转向机 A88 主要是由支座、转向螺母、摇臂轴、转向控制阀、密封件和标准件组成。其中,支座可以看成动力油缸;转向螺母具有螺母、活塞和齿条的功能,承担着液压助力,把液压能转化为机械力;摇臂轴把机械力转化为力矩输出,带动横直拉杆实现车轮转动;转向控制阀控制油液分配。图 3-4-1 为支座产品实物图。

图 3-4-1 转向机支座实物图

3.4.1 支座零件主要尺寸

转向机支座主要分为 5 个部分。

小端 A:外部 2mm×1.9mm 深环形槽;内部 ϕ38mm×9mm 孔和 ϕ28 通孔。

大端 B:内部 ϕ42mm×28.04mm 孔和 ϕ28mm 通孔。

孔口 C:2 个 M6mm×1mm 螺纹孔;ϕ48mm×6.2mm、ϕ47mm×8.2mm、ϕ38mm×8.8mm、ϕ26mm×42mm 孔和 ϕ12mm×10mm×2.9mm 的槽。

孔口 D:M33mm×3.5mm 螺纹孔。

孔口 E:ϕ20mm 通孔。

零件总长度为 224.3mm。

3.4.2 支座零件三维造型设计

1. 设置工作目录

打开 Pro/E 软件,在菜单栏中点击【文件】按钮,点击【设置工作目录】,选择桌面文件夹,点击【确定】。

点击【文件】按钮,点击【新建】,弹出新建对话框,在【类型】选择【零件】,子类型选择【实体】,名称设置为"A-88",取消【使用缺省模板】,点击【确定】。选择公制单位模板"mmns_part_solid",点击【确定】。

2. 创建零件主体圆柱部分

在特征工具栏选择【拉伸】,在用户界面上选择【放置】、【定义】,系统弹出草绘对话框,选择"RIGHT"面为草绘平面,草绘视图方向为"反向",参照"TOP:F2"面,方向为"左",点击【草绘】。绘制直径为 φ49mm 的圆,如图 3-4-2 所示,点击【保存】。

选择从草绘平面,以指定的深度值拉伸,点击【拉伸】,输入拉伸深度 6mm,点击【保存】。

在特征工具栏选择【拉伸】,在用户界面上选择【放置】、【定义】,系统弹出草绘对话框,草绘平面选择"使用先前的"。分别拉伸绘制直径为 φ48mm、φ52.6mm、φ48mm,长度为 8.6mm、4.5mm、70mm 的圆柱,如图 3-4-3 所示。

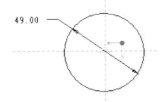 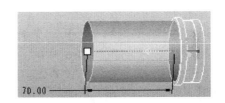

图 3-4-2　零件草绘图　　　　图 3-4-3　零件拉伸实体图

在特征工具栏选择【拉伸】,在用户界面上选择【放置】、【定义】,系统弹出草绘对话框,草绘平面选择"FRONT:F3"面,草绘方向为"反向",参照"RIGHT:F1"面,方向为"右",点击【草绘】。在菜单栏中选择【草绘】、【参照】,选取参照,如图 3-4-4 所示。

点击☑按钮,选择在各方向以指定深度值的一半拉伸草绘平面的两侧按钮,输入拉伸深度 48mm,选择移除材料按钮,点击【保存】按钮。

选择"RIGHT"面,在用户界面的特征工具栏选择【平面】按钮,在弹出的基准平面对话框中输入偏移值-218.3mm,点击【确定】,创建 DTM1 面。

在特征工具栏选择【拉伸】按钮,在用户界面上选择【放置】、【定义】,系统弹出草绘对话框,草绘平面选择"DTM1:F10"面,草绘方向为"反向",参照"TOP:F2"面,方向为"顶",点击【草绘】。绘制草图如图 3-4-5 所示。点击【拉伸】按钮,选择从草绘平面以指定的深度值拉伸按钮,输入拉伸深度 45mm,点击【保存】按钮。

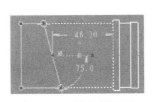 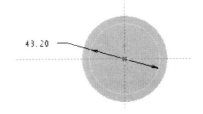

图 3-4-4　零件草绘图　　　　图 3-4-5　零件草绘图

按上述步骤绘制零件草图,如图 3-4-6 所示,拉伸深度为 8.6mm。点击☑按钮,选择从草绘平面以指定的深度值拉伸按钮,输入拉伸深度 8.6mm,点击【保存】按钮。

在特征工具栏选择【拉伸】按钮,在用户界面上选择【放置】、【定义】,系统弹出草绘对话框,草绘平面选择"曲面:F12",草绘方向为"反向",参照"TOP:F2"面,方向为"顶",点击【草绘】。绘制草图如图 3-4-7 所示,完成后点击☑按钮。

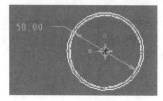 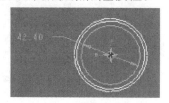

图 3-4-6 零件草绘图   图 3-4-7 零件草绘图

选择【拉伸】至选定的点、曲线、平面或曲面按钮,选择之前被截出的"曲面:F9",点击【保存】按钮,如图 3-4-8 所示。

图 3-4-8 零件主体圆柱部分图

3. 创建右侧台阶部分

创建异形平台。在系统【拉伸】草绘对话框中,草绘平面选择"FRONT:F3"面,草绘方向为"反向",参照"RIGHT:F1"面,方向为"右",点击【草绘】。在菜单栏中选择【草绘】、【参照】,选取参照,绘制草图如图 3-4-9 所示。选择从草绘平面以指定的深度值拉伸按钮,输入拉伸深度 33.3mm,点击【保存】按钮。

在用户界面特征工具栏选择【平面】按钮,选择"曲面:F9",创建 DTM2 面。点击平面按钮,按住 Ctrl 键,选择轴 A_8,再选择 DTM2 面,在基准平面对话框中输入旋转角度 90°,点击【确定】,创建 DTM3 面。

在特征工具栏中选择平面按钮,在弹出的对话框里输入偏移距离 42.46mm,点击【确定】按钮,创建 DTM4 面。

在系统【拉伸】草绘对话框中,草绘平面选择"DTM4:F17"面,草绘方向为"反向",参照"FRONT:F3"面,方向为"底",点击【草绘】。绘制草图如图 3-4-10 所示,完成后点击☑按钮。

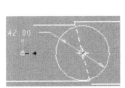
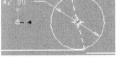

图 3-4-9　零件草绘图　　　　图 3-4-10　零件台阶部分草绘图

　　选择从草绘平面以指定的深度值拉伸按钮,输入拉伸深度 23mm,将拉伸的深度方向更改为草绘的另一侧按钮,点击保存按钮☑。

　　与上述步骤一样,分别绘制草图如图 3-4-11(拉伸深度 6mm)、图 3-4-12(拉伸深度 38mm)、图 3-4-13(拉伸深度 16mm)所示。

　　在系统【拉伸】草绘对话框中,草绘平面选择"曲面:F21",草绘方向为"反向",参照"FRONT:F3"面,方向为"底",点击【草绘】。在菜单栏中选择【草绘】、【参照】,选取参照,绘制草图如图 3-4-14 所示,完成后点击☑按钮。选择拉伸至选定的点、曲线、平面或曲面按钮,将拉伸的深度方向更改为草绘的另一侧按钮,点击保存按钮☑。

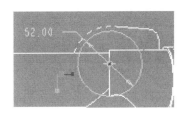
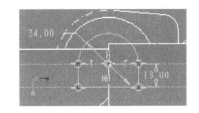

图 3-4-11　零件草绘图　　　　图 3-4-12　零件草绘图

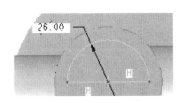
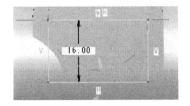

图 3-4-13　零件草绘图　　　　图 3-4-14　零件草绘图

　　在系统【拉伸】草绘对话框中,草绘平面选择"曲面:F22",草绘方向为"反向",参照"曲面:F22",方向为"顶",点击【草绘】,绘制草图如图 3-4-15 所示,完成后点击☑按钮。选择从草绘平面以指定的深度值拉伸按钮,输入拉伸深度 39mm,将拉伸的深度方向更改为草绘的另一侧按钮,点击保存按钮☑。

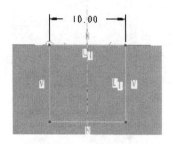

图 3-4-15　零件草绘图

在系统【拉伸】草绘对话框中,草绘平面选择"FRONT:F3"面,草绘方向为"反向",参照"RIGHT:F1"面,方向为"右",点击【草绘】。在菜单栏中选择【草绘】、【参照】,选取参照,绘制草图如图 3-4-16 所示,点击☑按钮。

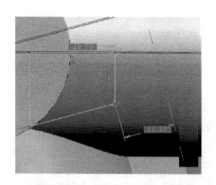

图 3-4-16　零件草绘图

选择从草绘平面以指定的深度值拉伸按钮,输入拉伸深度 40mm,将拉伸的深度方向更改为草绘的另一侧按钮,点击保存按钮☑。最终得到的结果如图 3-4-17 所示。

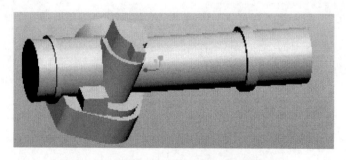

图 3-4-17　零件右侧台阶和圆柱部分实体图

4. 创建上端加强筋部分

在系统【拉伸】草绘对话框中,草绘平面选择"曲面:F12",草绘方向为"反向",参照"TOP:F2"面,方向为"右",点击【草绘】。绘制草图如图 3-4-18 所示,完成后点击☑按钮。选择拉伸至选定的点、曲线、平面或曲面按钮,选择曲面如图 3-4-19 所示,点击保存按钮☑。

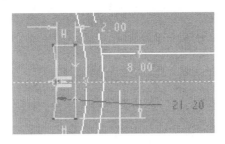

图 3-4-18　筋的草绘图

图 3-4-19　筋的实体图

在系统【拉伸】草绘对话框中,草绘平面选择"曲面:F7",草绘方向为"反向",参照"TOP:F2"面,方向为"顶",点击【草绘】。绘制草图如图 3-4-20 所示,完成后点击☑按钮。选择从草绘平面以指定的深度值拉伸按钮,输入拉伸深度 50mm,点击保存按钮☑。得到的实体图如图 3-4-21 所示。

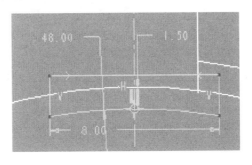

图 3-4-20　筋的草绘图

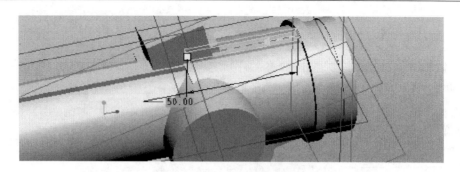

图 3-4-21　筋的拉伸实体图

在系统【拉伸】草绘对话框中,草绘平面选择"曲面:F22",草绘方向为"反向",参照"曲面:F25",方向为"左",点击【草绘】。绘制草图如图 3-4-22 所示,完成后点击☑按钮。选择从草绘平面以指定的深度值拉伸按钮,输入拉伸深度 1mm,点击保存按钮☑。得到的实体图如图 3-4-23 所示。

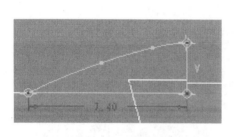

图 3-4-22　草绘图

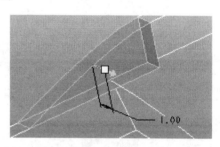

图 3-4-23　拉伸实体图

在用户界面特征工具栏选择【倒圆角】按钮,在工作窗口选择边,输入数值 12,如图 3-4-24 所示,点击保存按钮☑。

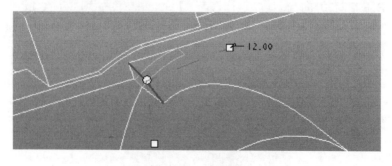

图 3-4-24　倒圆角

5. 创建零件下端圆孔和加强筋部分

在用户界面特征工具栏选择【平面】按钮,选择"FRONT"面,在基准平面对话框中输入偏移值5.1mm,点击【确定】,创建DTM5面。在特征工具栏选择【拉伸】按钮,在用户界面上选择【放置】、【定义】,系统弹出草绘对话框,草绘平面选择"DTM5:F29"面,草绘方向为"反向",参照"RIGHT:F1"面,方向为"右",点击【草绘】。选取参照F1(RIGHT)、F2(TOP)、曲面:F12(拉伸_7),绘制草图如图3-4-25所示,完成后点击☑按钮。选择在各方向上以指定深度值的一半拉伸草绘平面的两侧按钮,输入拉伸深度44mm,点击保存按钮☑。

在系统【拉伸】草绘对话框中,草绘平面选择"曲面:F12",草绘方向为"反向",参照"TOP:F2"面,方向为"底",点击【草绘】。绘制草图如图3-4-26所示,完成后点击☑按钮。选择拉伸至选定的点、曲线、平面或曲面按钮,选择曲面如图3-4-27所示,点击保存按钮☑。

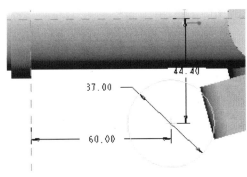

图3-4-25 零件下端圆孔部分草绘图

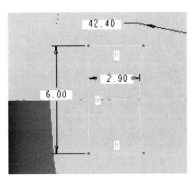

图3-4-26 筋的草绘图

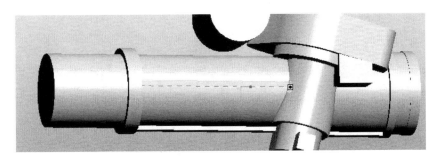

图3-4-27 筋的拉伸实体图

与上述步骤一样,绘制加强筋的草图分别如图3-4-28、图3-4-30、图3-4-32所示,实体图分别如图3-4-29、图3-4-31、图3-4-33所示。

在用户界面特征工具栏选择【平面】按钮,选择TOP面,在基准平面对话框中输入偏移距离44.4mm,点击【确定】,创建DTM6面。

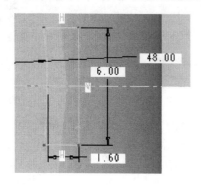

图3-4-28 筋的草绘图

图3-4-29 筋的拉伸实体图

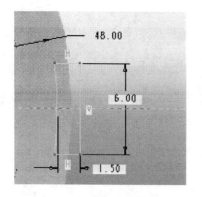

图3-4-30 筋的草绘图

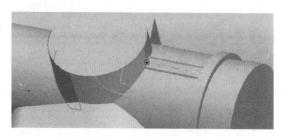

图3-4-31 筋的拉伸实体图

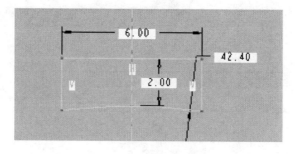

图3-4-32 筋的草绘图

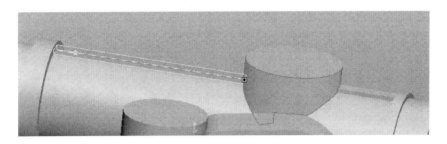

图 3-4-33　筋的拉伸实体图

在系统【拉伸】草绘对话框中,草绘平面选择 DTM6 面,草绘方向为"反向",参照"RIGHT:F1"面,方向为"底",点击【草绘】。在菜单栏中选择【草绘】、【参照】,选取参照,绘制草图如图 3-4-34 所示,完成后点击☑按钮。选择拉伸至选定的点、曲线、平面或曲面按钮,选择曲面,点击☑按钮。得到的实体图如图 3-4-35 所示。

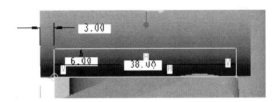

图 3-4-34　草绘图

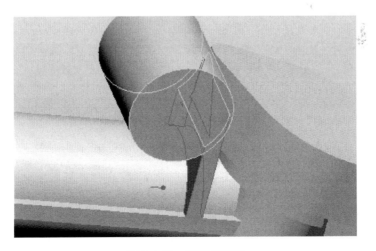

图 3-4-35　拉伸实体图

在系统【拉伸】草绘对话框中,草绘平面选择"曲面:F31",草绘方向为"反向",参照"曲面:F31",方向为"左",点击【草绘】。在菜单栏中选择【草绘】、【参照】,选取参照,绘制草图如图3-4-36所示,完成后点击☑按钮。选择从草绘平面以指定的深度值拉伸按钮,输入拉伸深度38mm,点击反向按钮,点击保存按钮☑。

在系统【拉伸】草绘对话框中,草绘平面选择"曲面:F36",草绘方向为"反向",参照"曲面:F36",方向为"顶",点击【草绘】。在菜单栏中选择【草绘】、【参照】,选取参照,绘制草图如图3-4-37所示,完成后点击☑按钮。选择拉伸至选定的点、曲线、平面或曲面按钮,选择曲面,点击保存按钮☑。得到的实体图如图3-4-38所示。

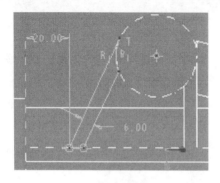
图 3-4-36　草绘图

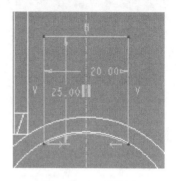
图 3-4-37　草绘图

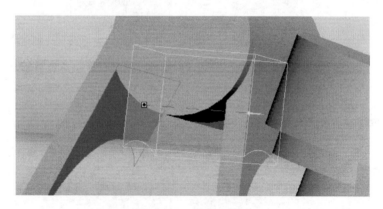
图 3-4-38　拉伸实体图

6. 其余加强筋的创建

在系统【拉伸】草绘对话框中,草绘平面选择"曲面:F12",草绘方向为"反向",参照"TOP:F2"面,方向为"底",点击【草绘】。在菜单栏中选择【草绘】、【参照】,选取参照,绘制草图如图3-4-39所示,完成后点击☑按钮。选择拉伸至选定的点、曲线、平面或曲面按钮,选择曲面,点击保存按钮☑。得到的实体图如图3-4-40所示。利用同样的方法,绘制草图如图3-4-41所示,得到的实体图如图3-4-42所示。

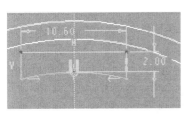
图 3-4-39 筋的草绘图

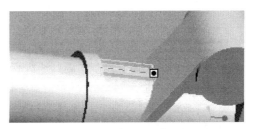
图 3-4-40 筋的拉伸实体图

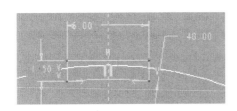
图 3-4-41 筋的草绘图

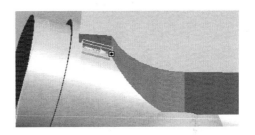
图 3-4-42 筋的拉伸实体图

在系统【拉伸】草绘对话框中,草绘平面选择"曲面:F36",草绘方向为"反向",参照"曲面:F36",方向为"顶",绘制草图如图3-4-43所示,完成后点击☑按钮。选择拉伸至选定的点、曲线、平面或曲面按钮,选择曲面如图3-4-44所示,点击保存按钮☑。

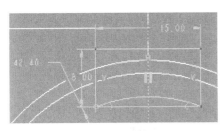
图 3-4-43 草绘图

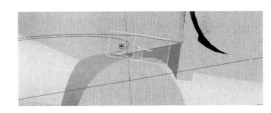
图 3-4-44 拉伸实体图

在系统【拉伸】草绘对话框中,草绘平面选择"曲面:F34",草绘方向为"反向",参照"曲面:F34",方向为"右",绘制草图如图3-4-45所示,完成后点击☑按钮。选择从草绘平面以指定的深度值拉伸按钮,输入拉伸深度7mm,点击保存按钮☑。利用上述相同步骤得到另一端的筋,如图3-4-46所示。

7. 台阶孔的创建

在用户界面特征工具栏里选择【孔】按钮,在上方输入直径 ϕ12mm,深度12mm,选择放置孔的面,将孔定位,点击按钮☑保存。如图3-4-47所示。

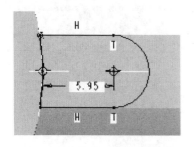
图 3-4-45 零件上端筋的草绘图

图 3-4-46 筋的实体图

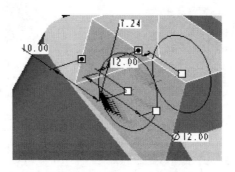
图 3-4-47 圆孔的创建图

在系统【拉伸】草绘对话框中,草绘平面选择"TOP:F2"面,草绘方向为"反向",参照"RIGHT:F1"面,方向为"右",绘制草图如图 3-4-48 所示,完成后点击☑按钮。选择去除材料按钮,点击保存按钮☑。

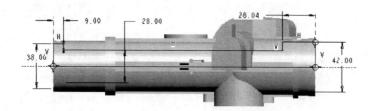
图 3-4-48 零件圆柱部分通孔的草绘图

在用户界面特征工具栏选择【旋转】按钮,在用户界面上选择【放置】、【定义】,系统弹出草绘对话框,草绘平面选择"DTM2:F15"面,草绘方向为"反向",参照"曲面:F9",方向为"右",绘制草图如图 3-4-49 所示,完成后点击☑按钮。选择去除材料按钮,点击保存按钮☑。得到的实体图如图 3-4-50 所示。

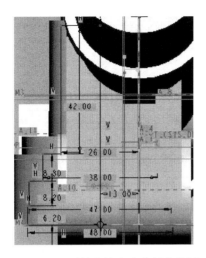 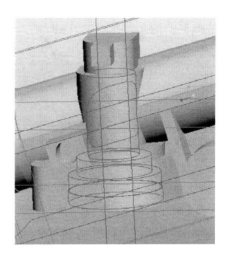

图 3-4-49　零件右端台阶内部草绘图　　图 3-4-50　零件右端台阶内部实体图

利用同样的方法,绘制草图如图 3-4-51 所示,完成后点击☑按钮。选择去除材料按钮,点击保存按钮☑。

在系统【拉伸】草绘对话框中,草绘平面选择"曲面:F14",草绘方向为"反向",参照"RIGHT:F1"面,方向为"右",点击【草绘】。绘制草图如图 3-4-52 所示,完成后点击☑按钮。选择从草绘平面以指定的深度值拉伸按钮,输入拉伸深度 34mm,选择反向按钮,选择去除材料按钮,点击保存按钮☑。

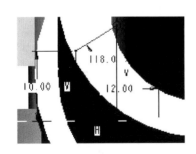 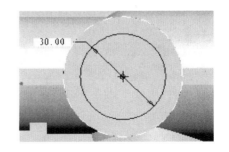

图 3-4-51　零件右端台阶内部草绘图　　图 3-4-52　圆孔的草绘图

在系统【拉伸】草绘对话框中,草绘平面选择"DTM6:F35"面,草绘方向为"反向",参照"RIGHT:F1"面,方向为"顶",绘制草图如图 3-4-53 所示,完成后点击☑按钮。选择去除材料按钮,点击保存按钮☑。

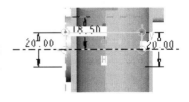

图 3-4-53　圆孔的草绘图

8. 螺纹孔的创建

在用户界面特征工具栏选择【孔】按钮，在上方选择创建标准孔按钮、添加攻丝按钮，螺纹系列选择 ISO，螺钉尺寸选择 M6×1。选择以指定的深度值钻孔按钮，输入钻孔深度 25mm。选择钻孔肩部深度按钮，点击【放置】，选中放置曲面，选择类型【线性】，设置偏移参照。然后选择【形状】，选择【可变】，输入 23mm，点击保存按钮。位置和尺寸如图 3-4-54 所示。

利用上述步骤画出另一端的螺纹孔和边侧螺纹，如图 3-4-55 所示。

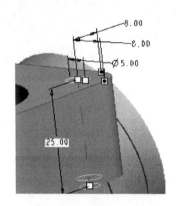 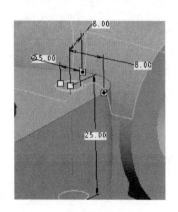

图 3-4-54　螺纹孔创建图　　　图 3-4-55　螺纹孔创建图

在用户界面特征工具栏选择【孔】按钮，在上方选择创建标准孔按钮、添加攻丝按钮，螺纹系列选择 ISO，螺钉尺寸选择 M33×3.5。选择以指定的深度值钻孔按钮，输入钻孔深度 16mm。选择钻孔肩部深度按钮，点击【放置】，选中放置曲面，选择类型【线性】，设置偏移参照。然后选择【形状】，选择【可变】，输入 16mm，点击保存按钮。位置和尺寸如图 3-4-56 所示。

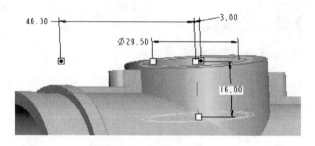

图 3-4-56　螺纹孔创建图

9. 槽和定位孔的创建

在用户界面特征工具栏选择【旋转】按钮,在用户界面上选择【放置】、【定义】,系统弹出草绘对话框。草绘平面选择 RIGHT 面,绘制草图如图 3-4-57 所示,完成后点击☑按钮。选择去除材料按钮,点击保存按钮☑。

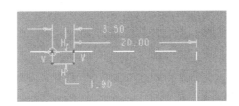

图 3-4-57　零件左端槽的草绘图

在工作界面右侧选择平面按钮▱,选择 FRONT 面,输入偏移距离 21.6mm,点击【确定】,新建 DTM7 面,如图 3-4-58 所示。

选择 DTM7 面,在用户界面特征工具栏选择【孔】按钮,选择创建简单孔按钮和标准孔按钮,输入直径 ϕ8mm,点击【放置】,选择类型【线性】,偏移参照为"曲面:39",偏移 23.10mm,"边:F12",偏移 8mm,如图 3-4-59 所示,完成后点击保存按钮☑。

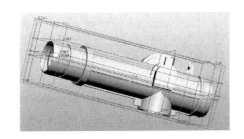

图 3-4-58　新建 DTM7 面

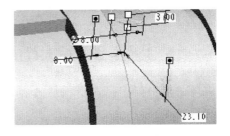

图 3-4-59　盲孔创建图

10. 最后处理

对实体进行倒角处理,最后得到的三维实体图如图 3-4-60 所示。

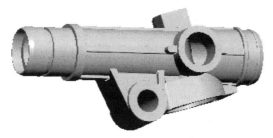

图 3-4-60　零件三维实体图

3.5 后视镜罩壳体三维设计

3.5.1 后视镜罩三维形貌数据

如图 3-5-1 所示，汽车后视镜罩的外观是由复杂曲面组成的，传统的建模方法步骤较多，且效率低下，因此采用逆向工程进行三维建模。通过三维扫描仪可以得到汽车后视镜罩的点云数据，再利用 UG 的曲面建模能力，就可以得到其三维模型，方便后续的模具设计。

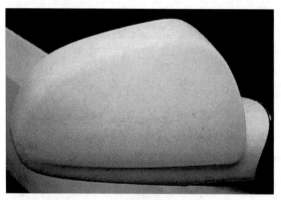

图 3-5-1 汽车后视镜罩壳体实物图

数据采集是逆向设计中最重要的阶段，它对后续模型重构的质量有很大的影响。根据测头是否与工件接触，可以分为接触式和非接触式。接触式测量对零件表面的颜色和光线没有要求，测量精度也相对较高，但测量速度慢，测头易磨损；非接触式的测量速度快，适合复杂曲面的测量，但精度低，对零件表面光照也比较敏感。

由于镜罩表面曲面较复杂，所以采用非接触式测量。测量过程中，激光扫描区域有限，因此要对其进行正面和侧面两次扫描，正面采用单方向直线式连续扫描，侧面则采用 360°间接旋转扫描。得到的点云数据如图 3-5-2 所示。

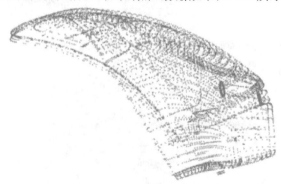

图 3-5-2 后视镜罩壳体点云图

3.5.2 后视镜罩三维模型设计

反求技术的主要工作就是三维模型的建立。利用 UG 对得到的点云数据进行处理,可以得到面体如图 3-5-3 所示。

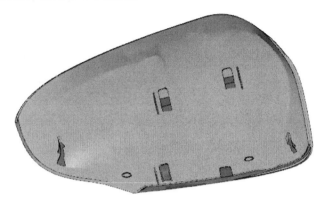

图 3-5-3 UG 处理后得到的面体

利用 UG 的三维曲面建模功能(图 3-5-4),在面体的基础上进行造型,得到三维模型如图 3-5-5 所示。

图 3-5-4 UG 建模功能选项

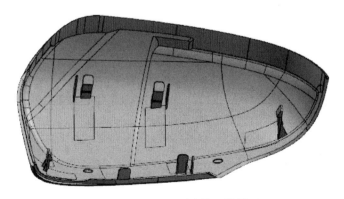

图 3-5-5 后视镜罩壳体三维模型

利用同样的方法可以得到后视镜托的三维模型,如图 3-5-6 所示。

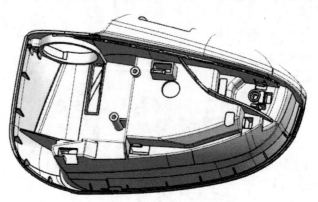

图 3-5-6　后视镜托三维模型

第4章 家用产品(零件)的三维造型设计

4.1 可拆卸DC插口的造型设计与装配

4.1.1 零件结构尺寸

可拆卸DC插口由基座、顶部、弹性臂、主芯、垫片组成。此结构设计简单,成本较低,安全可靠,是一种新型的可拆卸DC插口。插口结构简图如图4-1-1所示。

4.1.2 零件三维设计

使用Pro/E软件进行设计。

1. 插口基座设计

1)新建文件

启动Pro/E软件,在工具栏中选择新建对象按钮,点击打开【新建】对话框,新建文件名称为"PRT0007",系统会有一个默认的模板,将其取消,选择公制单位模板,点击【确定】。

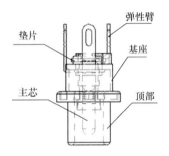

图4-1-1 插口结构简图

2)创建基座实体

鼠标点击拉伸按钮,草绘平面选择TOP面,然后在这个平面中绘制图4-1-2所示的草绘截面图,点击✔按钮确认,将拉伸长度设为1.5mm,点击✔按钮,生成图4-1-3所示的实体模型。

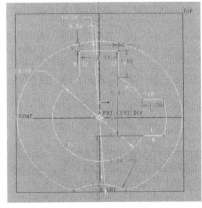

图4-1-2 草绘图

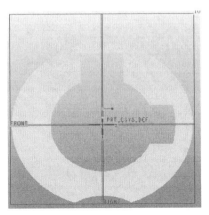

图4-1-3 拉伸实体图

再次点击拉伸按钮⟐，以 TOP 面作为草绘平面，在这个平面中绘制图 4-1-4 所示的草绘截面图，点击✓按钮确认，将拉伸长度设为 1.5mm，点击✓按钮生成图 4-1-5 所示的实体模型。

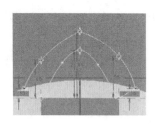
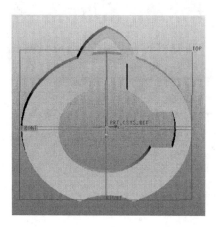

图 4-1-4　草绘图　　　　　图 4-1-5　拉伸实体图

依然点击拉伸按钮⟐，以 TOP 面作为草绘平面，在这个平面中绘制图 4-1-6 所示的草绘截面图，点击✓按钮确认，将拉伸长度设为 1.5mm，点击✓按钮生成图 4-1-7 所示的实体模型。

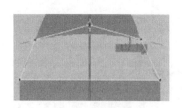
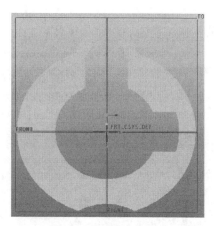

图 4-1-6　草绘图　　　　　图 4-1-7　拉伸实体图

3）创建基座中部曲面

点击拉伸按钮⟐，选择 TOP 面为草绘平面，在这个平面中绘制图 4-1-8 所示的草绘截面图，点击✓按钮确认，将拉伸长度设为 7mm，点击反向按钮✗，再点击✓按钮生成图 4-1-9 所示的实体模型。

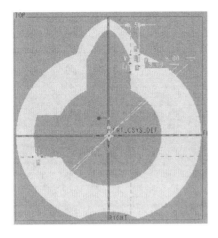 

图 4-1-8　草绘图　　　　　　图 4-1-9　拉伸实体图

点击拉伸按钮⬚,选择 TOP 面作为草绘平面,在这个平面中绘制图 4-1-10 所示的草绘截面图,点击✓按钮确认,将拉伸长度设为 7mm,点击反向按钮⬚,再点击✓按钮生成图 4-1-11 所示的实体模型。

 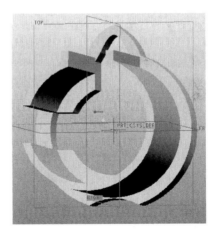

图 4-1-10　草绘图　　　　　　图 4-1-11　拉伸实体图

4) 创建基座底部

点击拉伸按钮⬚,选择内部 S2D0006 面为草绘平面,在这个平面中绘制图 4-1-12 所示的草绘截面图,点击✓按钮确定,将拉伸长度设为 2mm,点击⬚按钮去除一部分材料,再点击✓按钮生成图 4-1-13 所示的实体模型。

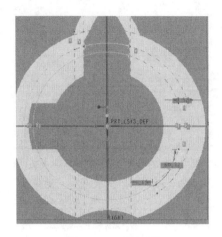 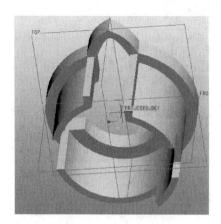

图 4-1-12　草绘图　　　　　　　图 4-1-13　剪切实体图

点击拉伸按钮,这次选择 S2D0001 面为草绘平面,在这个平面中绘制图 4-1-14 所示的草绘截面图,点击✔按钮,将拉伸长度设为 1mm,点击按钮生成图 4-1-15 所示的实体模型。

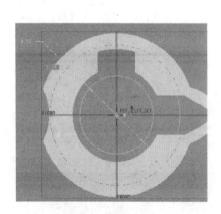 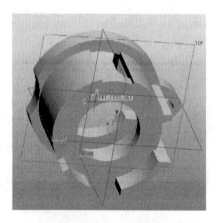

图 4-1-14　草绘图　　　　　　　图 4-1-15　实体图

2. 插口顶部壳体设计

1) 新建文件

点击按钮,打开【新建】对话框,建立名为"PRT0001"的文件,取消系统默认的模板,选择公制单位模板,再点击【确定】按钮。

2) 创建顶部壳体基本外形

点击 按钮,选择 TOP 面为草绘平面,在这个平面中绘制图 4-1-16 所示的草绘截面图,点击 按钮确认,将拉伸长度设为 10mm,点击 按钮生成图 4-1-17 所示的实体模型。

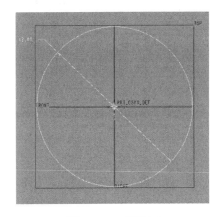
图 4-1-16 草绘图

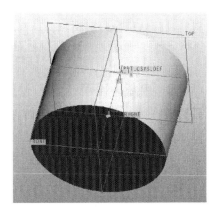
图 4-1-17 实体图

然后点击 按钮,选择 TOP 面为草绘平面,在这个平面中绘制图 4-1-18 所示的草绘截面图,点击 按钮确认,将拉伸长度设为 8mm,点击 按钮生成图 4-1-19 所示的实体模型。

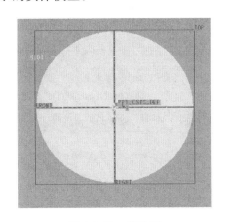
图 4-1-18 草绘图

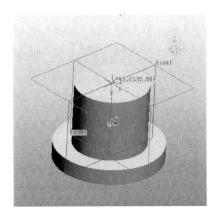
图 4-1-19 实体图

点击 按钮,选择 TOP 面为草绘平面,在这个平面中绘制图 4-1-20 所示的草绘截面图,点击 按钮确认,将拉伸长度设为 10mm,点击 按钮去除一部分材料,点击 按钮生成图 4-1-21 所示的实体模型。

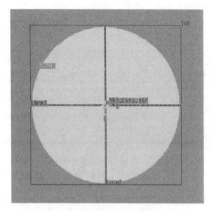

图 4-1-20　草绘图

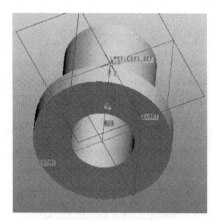

图 4-1-21　实体图

点击🗗按钮，选择 TOP 面为草绘平面，绘制图 4-1-22 所示的草绘截面图，点击✓按钮确认，将拉伸长度设为 1.5mm，点击⊘按钮去除一部分材料，点击✓按钮生成图 4-1-23 所示的实体模型。

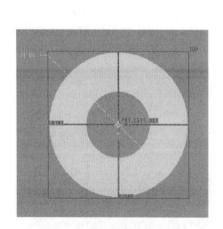

图 4-1-22　草绘图

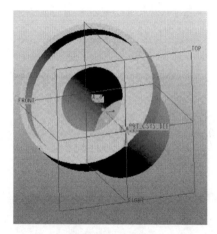

图 4-1-23　实体图

3）创建圆角特征

点击🗌按钮，如图 4-1-24 所示选取欲倒圆角的两条边，在画面上将圆角半径设为 0.5mm，选择✓按钮确认，则完成的圆角如图 4-1-25 所示。点击🗌按钮，如图 4-1-26 所示选取欲倒圆角的两条边，在画面上将圆角半径设为 0.5mm，点击✓按钮确认，则完成的圆角如图 4-1-27 所示。点击🗌按钮，如图 4-1-28 所示选取欲倒圆角的两条边，在画面上将圆角半径设为 0.5mm，点击✓按钮确认，则完成的圆角如图 4-1-29 所示。

图 4-1-24 草绘图

图 4-1-25 实体图

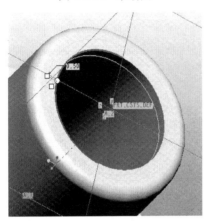

图 4-1-26 草绘图

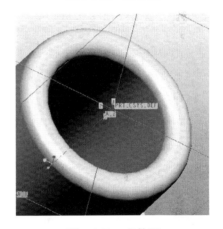

图 4-1-27 实体图

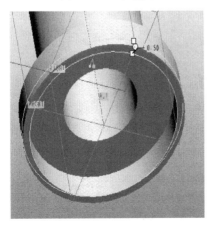

图 4-1-28 草绘图

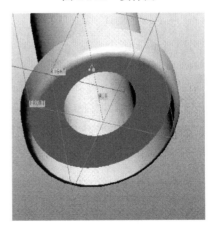

图 4-1-29 实体图

4）创建基准平面

点击 ▱ 按钮，选择 FRONT 面作为参照平面，偏移尺寸设为 4mm，点击【确定】即产生基准平面 DTM1，如图 4-1-30 所示。

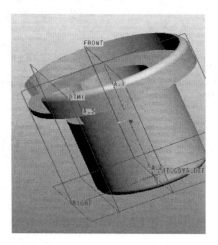

图 4-1-30　草绘图

5）完善顶部特征

使用拉伸方式在草绘模式中绘制图 4-1-31 所示的草绘截面图，将拉伸长度设为 3mm，点击 ▱ 按钮去除一部分材料，点击 ☑ 按钮生成如图 4-1-32 所示的实体模型。

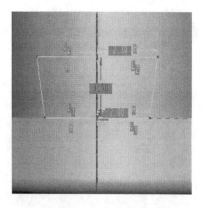

图 4-1-31　草绘图

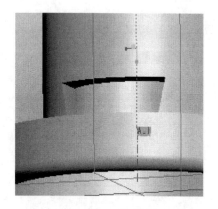

图 4-1-32　实体图

使用拉伸方式在 DTM1 基准平面中绘制图 4-1-33 所示的草绘截面图，将拉伸长度设为 3mm，点击反向按钮 ▱，然后点击 ☑ 按钮生成图 4-1-34 所示的实体模型。

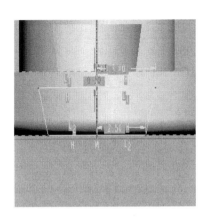
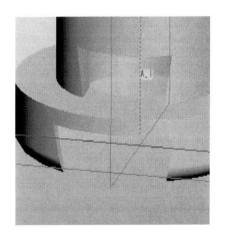

图 4-1-33 草绘图　　　　图 4-1-34 实体图

使用拉伸方式,选择底部平面为草绘平面,在这个平面中绘制图 4-1-35 所示的草绘截面图,点击 ✓ 按钮确认,将拉伸长度设为 2mm,点击 按钮,将草绘图中的材料去除,点击 按钮生成图 4-1-36 所示的实体模型。

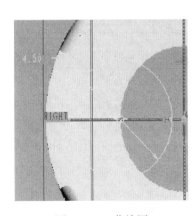
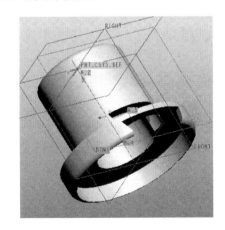

图 4-1-35 草绘图　　　　图 4-1-36 实体图

3. 插口弹性臂设计

1) 新建文件

点击新建对象按钮 ,打开【新建】对话框,建立名为"PRT0004"的文件,取消系统默认的模板,选择公制单位模板,再点击【确定】。

2) 创建第一个拉伸实体特征

点击拉伸按钮 ,在打开的操作面板上点击【放置】按钮打开草绘面板,使用

TOP 面作为草绘平面。在这个平面中绘制图 4-1-37 所示的草绘截面图,点击✓按钮确认,将拉伸长度设为 0.5mm,点击 按钮查看设计结果是否正确,确认无误后,点击✓按钮生成图 4-1-38 所示的实体模型。

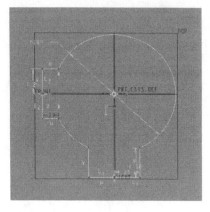
图 4-1-37 草绘图

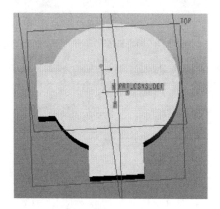
图 4-1-38 实体图

3) 创建第二个拉伸实体特征

点击拉伸按钮 ,在打开的操作面板上点击【放置】按钮打开草绘面板,选择内部平面作为草绘平面。在这个平面中绘制图 4-1-39 所示的草绘截面图,点击✓按钮确认,将拉伸长度设为 10mm,点击 按钮查看设计结果是否正确,确认无误后,点击✓按钮生成图 4-1-40 所示的实体模型。

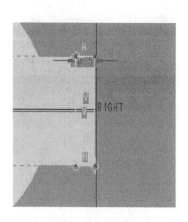
图 4-1-39 草绘图

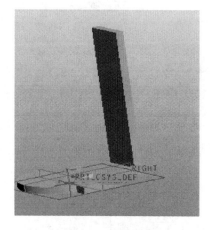
图 4-1-40 实体图

4) 创建第三个拉伸实体特征

点击拉伸按钮 ,在打开的操作面板上点击【放置】按钮打开草绘面板,选择内部平面作为草绘平面。在这个平面中绘制图4-1-41所示的草绘截面图,点击✓按钮确认,将拉伸长度设为4mm,点击☑∞按钮查看设计结果是否正确,确认无误后,点击☑按钮生成图4-1-42所示的实体模型。

图4-1-41 草绘图　　　　　图4-1-42 实体图

5) 创建孔特征

点击拉伸按钮☑,在打开的操作面板中点击【放置】按钮打开草绘面板,选择内部平面作为草绘平面。在这个平面中绘制图4-1-43所示的草绘截面图,点击✓按钮确认,将拉伸长度设为2.82mm,点击☑∞按钮查看设计结果是否正确,确认无误后,点击☑按钮生成图4-1-44所示的实体模型。

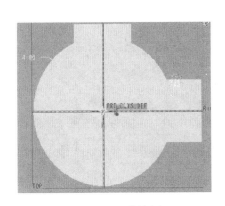
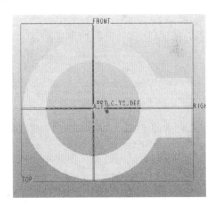

图4-1-43 草绘图　　　　　图4-1-44 实体图

点击拉伸按钮☑,在操作面板中点击【放置】按钮打开草绘面板,选择内部平面为草绘平面。在这个平面中绘制图4-1-45所示的草绘截面图,点击✓按钮确认,将拉伸长度设为2mm,点击☑∞按钮查看结果是否正确,确认无误后,点击☑按钮生成图4-1-46所示的实体模型。

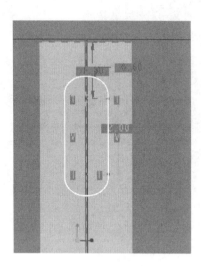 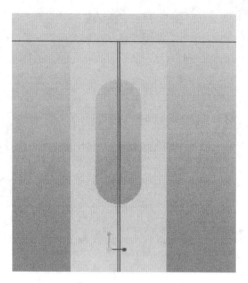

图 4-1-45　草绘图　　　　　　　图 4-1-46　实体图

6) 创建圆角特征

在工程特征工具栏中点击 按钮,选择要倒角的边,输入倒角半径 1.2mm,如图 4-1-47 所示。在控制面板中,点击 按钮预览结果,确认无误后,点击 按钮完成圆角特征,如图 4-1-48 所示。

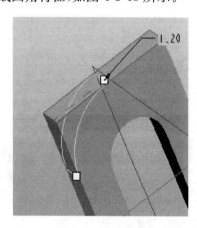 

图 4-1-47　草绘图　　　　　　　图 4-1-48　实体图

以此类推创建图中的各个圆角。完成的弹性臂实体模型如图 4-1-49 所示。依照这种方法,再绘制 2 个弹性臂,如图 4-1-50 和图 4-1-51 所示。

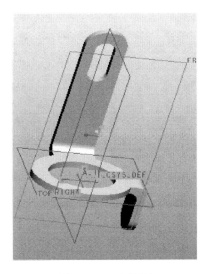

图 4-1-49 实体图

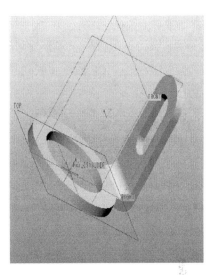

图 4-1-50 实体图

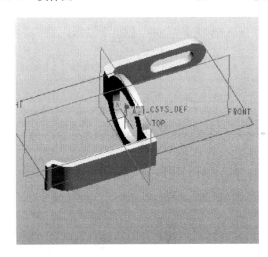

图 4-1-51 实体图

4. 插口主芯设计

1) 创建第一个拉伸实体特征

点击拉伸按钮,在打开的操作面板上点击【放置】按钮打开草绘面板,选择 TOP 面作为草绘平面。在这个平面中绘制图 4-1-52 所示的草绘截面图,点击 ✓ 按钮确认,将拉伸长度设为 5.5mm,点击 ∞ 按钮预览设计结果,确认无误后,点击 ✓ 按钮生成图 4-1-53 所示的实体模型。

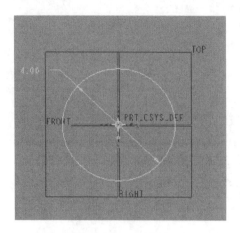　　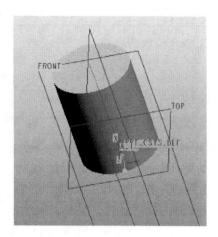

图 4-1-52　草绘图　　　　　　　　图 4-1-53　实体图

2) 创建第二个拉伸实体特征

点击拉伸按钮，在操作面板上点击【放置】按钮打开草绘面板，选取 TOP 面作为草绘平面。在这个平面中绘制图 4-1-54 所示的草绘截面图，点击 按钮确认，设置拉伸长度为 8mm，点击反向按钮，点击 按钮预览设计结果，确认无误后，点击 按钮生成图 4-1-55 所示的实体模型。

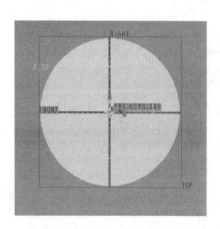　　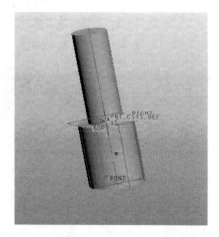

图 4-1-54　草绘图　　　　　　　　图 4-1-55　实体图

3) 创建大圆柱底部凹槽特征

点击基础工具栏中的 按钮，在操作面板上点击【放置】按钮打开草绘面板，选取大圆柱底面为草绘平面。在这个平面中绘制图 4-1-56 所示草绘截面图，选取圆柱中心轴 A_1 为旋转轴，点击 按钮输入旋转角度 360°，点击 按钮去除材料按钮,点击 ∞ 按钮预览设计结果,确认无误后,点击 ✓ 按钮生成图 4-1-57 所示的实体模型。

图 4-1-56 草绘图

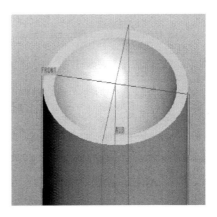
图 4-1-57 实体图

4) 创建第三个拉伸实体特征

点击拉伸按钮 ,在打开的操作面板上点击【放置】按钮打开草绘面板,选择大圆柱底面作为草绘平面。在这个平面中绘制图 4-1-58 所示的草绘截面图,点击 ✓ 按钮确认,将拉伸长度设为 0.5mm,点击 ∞ 按钮预览设计结果,确认无误后,点击 ✓ 按钮生成图 4-1-59 所示的实体模型。

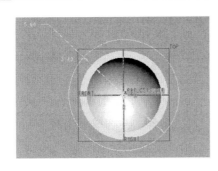
图 4-1-58 草绘图

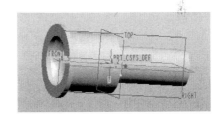
图 4-1-59 实体图

5) 完善底部特征

点击拉伸按钮 ,在打开的操作面板上点击【放置】按钮打开草绘面板,选择最大的圆柱底面作为草绘平面。在这个平面中绘制图 4-1-60 所示的草绘截面图,点击 ✓ 按钮确认,将拉伸长度设为 0.5mm,点击 按钮去除材料按钮,点击 ∞ 按钮预览设计结果,确认无误后,点击 ✓ 按钮生成图 4-1-61 所示的实体模型。依照这种方法再去除 4 个部分,得到最后的主芯实体模型,如图 4-1-62 所示。

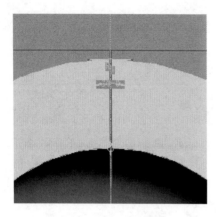 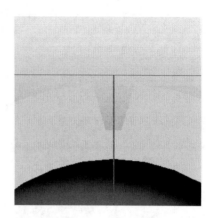

图 4-1-60　草绘图　　　　　　图 4-1-61　实体图

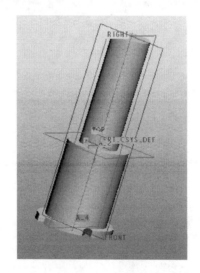

图 4-1-62　实体图

5. 插口垫片设计

点击拉伸按钮，在打开的操作面板上点击【放置】按钮打开草绘面板，选取 TOP 面作为草绘平面。在这个平面中绘制图 4-1-63 所示的草绘截面图，点击 ✓ 按钮确认，设置拉伸长度为 0.5mm，点击 ✓ ∞ 按钮预览设计结果，确认无误后，点击 ✓ 按钮生成图 4-1-64 所示的实体模型。以此方法再绘制一个外径为 ϕ5mm 的垫片，如图 4-1-65 所示。

第 4 章　家用产品(零件)的三维造型设计

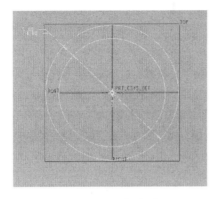

图 4-1-63　草绘图

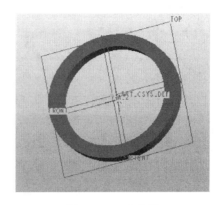

图 4-1-64　实体图

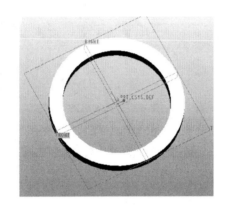

图 4-1-65　实体图

6. 装配

1) 新建文件

点击新建按钮，系统会弹出一个对话框，在这个对话框中输入新建文件名"ASM0001D"，然后取消系统默认的模板，选择公制单位模板，然后点击【确定】按钮，这时就可以装配各个零件了。

2) 装配主芯

点击工程特征工具箱中的按钮，在弹出的对话框中选择主芯零件文件"PRT0005.PRT"。这时会出现组件装配操作窗口，在这个窗口中即可进行组件装配。将约束改为"默认"类型，然后把主芯装配上去。点击操作面板上的按钮，即完成主芯装配，结果如图 4-1-66 所示。

3) 装配第一个弹性臂

点击工程特征工具箱中的 按钮,在弹出的对话框中选择第一个弹性臂零件文件"PRT0002.PRT"。点击组件装配操作窗口上的【放置】按钮,将约束设置为"配对"类型,选择曲面"F5"和"F8"作为参照,观察配对角度,将配对角度设为180°。但是仅有这一个约束还不能将零件放到所期望的位置上,这时要在窗口中再建立一个"新建约束",将这个约束设为"对齐"类型,选择轴"A_1"和"A_2"作为参照。点击操作面板上的 按钮完成第一个弹性臂的装配,结果如图 4-1-67 所示。

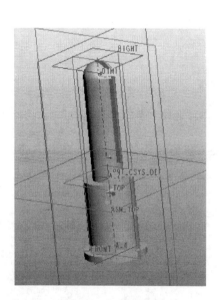

图 4-1-66 装配图

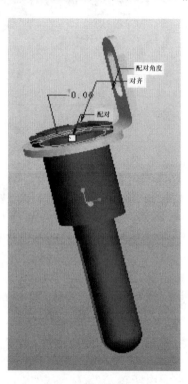

图 4-1-67 装配图

4) 装配第一个垫片

点击工程特征工具箱中的 按钮,在弹出的对话框中选择第一个垫片零件文件"PRT0006.PRT"。点击组件装配操作窗口上的【放置】按钮,将约束设置为"对齐"类型,选择轴"A_1"作为参照。同时,还要在放置面板中再建立一个"新建约束",将这个约束设为"配对"类型,选择曲面"F5"作为参照。点击操作面板上的 按钮完成第一个垫片的装配,结果如图 4-1-68 所示。

5) 装配第二个弹性臂

点击工程特征工具箱中的 按钮,在弹出的对话框中点击第二个弹性臂零件文件"PRT0004.PRT"。点击组件装配操作窗口上的【放置】按钮,将约束设置为"对齐"类型,选择轴"A_1"和"A_4"作为参照。同时,还要在放置面板中再建立一个"新建约束",将这个约束设为"配对"类型,选择轴"A_5"和曲面"F5"作为参照。点击操作面板上的 按钮完成第二个弹性臂的装配,结果如图4-1-69所示。

图 4-1-68 装配图

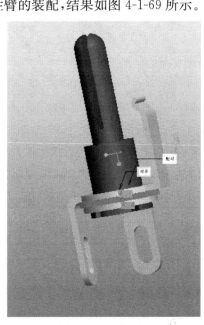

图 4-1-69 装配图

6) 装配基座

点击工程特征工具箱中的 按钮,在弹出的对话框中点击基座零件文件"PRT0007.PRT"。点击组件装配操作面板上的【放置】按钮,将约束设置为"配对"类型,选择曲面"F10"和"F5"作为参照,将配对方向改为反向。同时,还要再建立一个"新建约束",将这个约束设为"对齐"类型,选择轴"A_1"和"A_4"作为参照。点击操作面板上的 按钮完成基座装配,结果如图4-1-70所示。

7) 装配第三个弹性臂

点击工程特征工具箱中的 按钮,在弹出的对话框中点击第三个弹性臂零件文件"PRT0004.PRT"。点击组件装配操作面板上的【放置】按钮,将约束设为"配对"类型,选择曲面"F5"和"F11"作为参照,将配对方向改为反向。同时,还要再建立一个"新建约束",将这个约束设为"对齐"类型,选择轴"A_1"和"A_6"作为参照。点击操作面板上的 按钮完成第三个弹性臂装配,结果如图4-1-71所示。

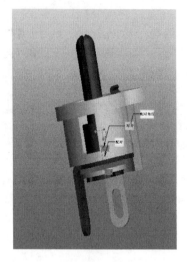
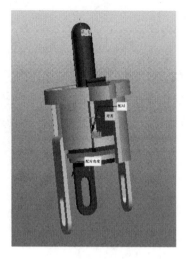

图 4-1-70　装配图　　　　　图 4-1-71　装配图

8) 装配第二个垫片

点击工程特征工具箱中的 按钮,在弹出的对话框中点击第二个垫片零件文件"PRT0010.PRT"。点击组件装配操作面板上的【放置】按钮,将约束设为"对齐"类型,选择轴"A_5"和"A_14"作为参照。然后在放置面板中点击"新建约束",将约束设为"配对"类型,选择曲面"F5"和"F15"作为参照。点击操作面板上的 按钮完成第二个垫片装配,结果如图 4-1-72 所示。

图 4-1-72　装配图

9) 装配顶罩

点击工程特征工具箱中的 按钮,在弹出的对话框中点击顶罩零件文件"PRT0001.PRT"。点击组件装配操作窗口上的【放置】按钮,将约束设为"对齐"类型,选择轴"A_2"和"A_6"作为参照。然后在放置面板中点击"新建约束",将约束设为"配对"类型,选择曲面"F8"和"F5"作为参照,将配对角度改为 90°,点击操作面板上的 按钮完成顶部装配。至此,整个零件装配完成,结果如图 4-1-73 所示。

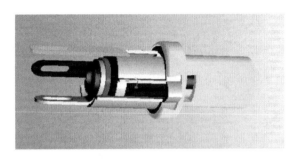

图 4-1-73　装配图

7. 生成装配爆炸图

装配爆炸图即给出各组成部件的分解视图。通过装配爆炸图,可以更好地分析产品结构、规划零件以及指导零件的生产工艺,还可以清晰地看到插口的各个组成部件和装配情况。

生成装配爆炸图的步骤如下。

(1) 在菜单栏中选择【视图】命令,在视图列表中选择【分解】命令,再从分解小列表中选择【编辑位置】命令,这样就可以打开分解对话框。

(2) 在打开的对话框中,可以通过设置"运动类型"等选项组来改变图中各个组成零件的位置,调整到合适位置后,点击【确定】按钮。完成后的装配爆炸图,如图 4-1-74 所示。

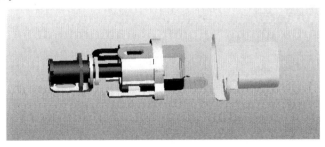

图 4-1-74　装配爆炸图

4.2 清洁机外壳的设计与装配

4.2.1 零件结构尺寸

所设计的清洁机外壳零件的结构如图 4-2-1 所示,各部分名称见图 4-2-2。

图 4-2-1 清洁机外壳结构

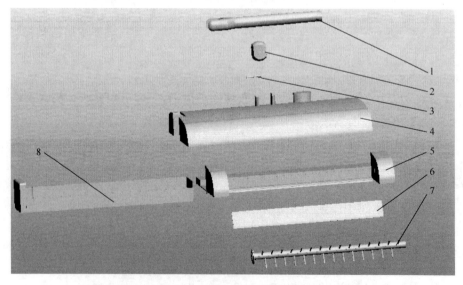

图 4-2-2 清洁机外壳爆炸图
1-推杆支架;2-圆球连接;3-连接杆;4-上盖;5-底座;6-刮布;7-滚刷;8-集尘盒

4.2.2 零件三维设计

使用 Pro/E 软件进行设计。

1. 清洁机上盖的设计

(1) 草绘一个曲面投影如图 4-2-3 所示。

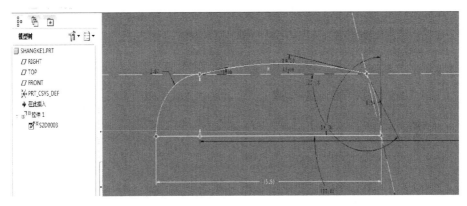

图 4-2-3　清洁机上盖横截面草绘图

(2) 拉伸。由于在家庭中使用,会有很多狭小的角落,所以长度不能太长;同时也不能过短,因为过短会影响除尘的效率。选择拉伸长度为 280mm。清洁机上盖拉伸实体模型如图 4-2-4 所示。

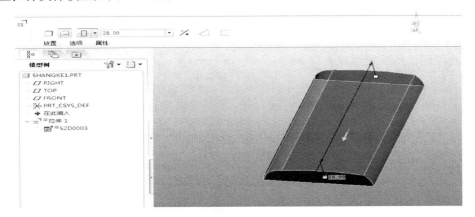

图 4-2-4　清洁机上盖拉伸实体图

(3) 加厚。这时,清洁机上盖的大致形状就出来了,但其只是一个薄壳,还需加厚处理。选择加厚 2mm,再通过倒圆角对其棱角进行修饰,而对上盖上面开关和支架的造型还需要重新建立一个基准面。

(4) 建立新基准面 DTM1 如图 4-2-5 所示。在这个基准面上通过拉伸、倒圆角等功能来完成上盖上面开关、支架等的造型。开关造型是先拉伸一个圆形的槽放置开关按钮，再拉伸出开关按钮。而支架造型则是先拉伸，再镜像。最后进行倒圆角和孔操作。

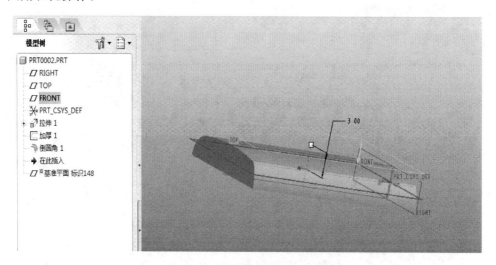

图 4-2-5　建立新基准面 DTM1

(5) 绘制开关和支架。开关和支架造型如图 4-2-6 所示。

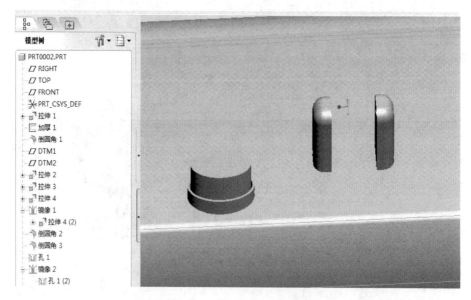

图 4-2-6　开关和支架造型实体图

(6) 切除。至此,清洁机外壳的上盖部件基本完成,下一步用拉伸去材料的操作拉伸出一个放置集尘盒的位置。选择 RIGHT 面作为基准面,草绘出集尘盒的截面图,选择去材料,拉伸 8mm,这样整个清洁机上盖的全部结构造型完成。清洁机上盖实体模型如图 4-2-7 所示。

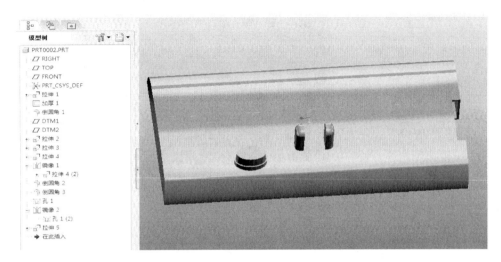

图 4-2-7　清洁机上盖实体图

2. 清洁机底座的设计

(1) 草绘底座。清洁机底座横截面草绘图如图 4-2-8 所示。利用实体拉伸命令,选择放置在 RIGHT 基准面上,草绘出底座横截面。然后确定拉伸。

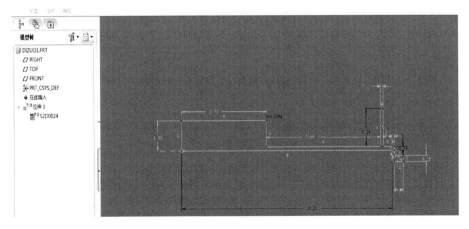

图 4-2-8　清洁机底座横截面草绘图

（2）拉伸。选择实体拉伸，由于底座的结构特点，不能直接拉伸出这个底板，所以选择拉伸出底板的中间部分。拉伸长度为 232mm。底座拉伸实体模型如图 4-2-9 所示。

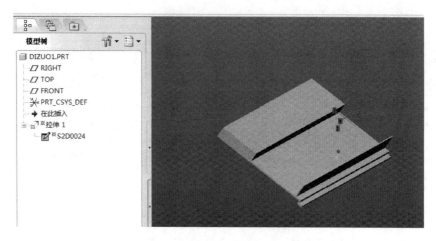

图 4-2-9　清洁机底座初步拉伸实体图

由于底座要连接清洁机的滚刷，所以需要两个支架，且由于滚刷存在滚动速率，支架承受的力大，所以需要使用实体拉伸。选择拉伸深度为 24mm，以免其因受力过大而断裂。另外，底座要与上盖进行配合，所以选择采用相同的拉伸草绘图。底座前部支架草绘图如图 4-2-10 所示。

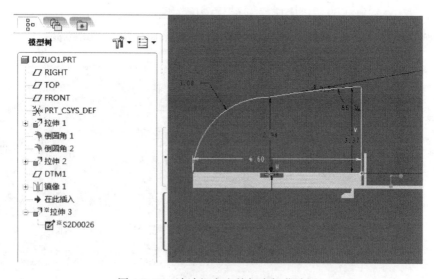

图 4-2-10　清洁机底座前部支架草绘图

第 4 章　家用产品(零件)的三维造型设计 · 181 ·

先选择拉伸,再进行镜像就可以得到支架的造型。由于还需要装配滚刷,所以需要再拉伸一个配合滚刷的连接点。底座支架实体模型如图 4-2-11 所示。

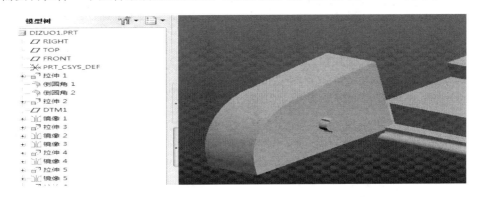

图 4-2-11　清洁机底座支架实体图

(3) 镜像。选择镜像,可得到另一个支架实体。最后将底座两边拉伸至与上盖等长的长度,则整体底座的拉伸就完成了。底座是清洁机功能实现的关键部位,其前端连接滚刷做清扫工作,后端粘贴刮布做拖擦工作。清洁机底座实体模型如图 4-2-12 所示。

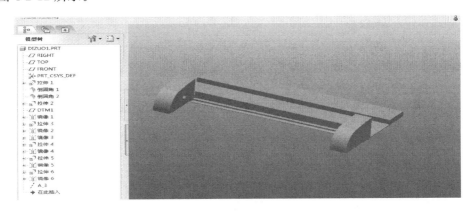

图 4-2-12　清洁机底座正面实体图

3. 清洁机刮布的设计

清洁机刮布放置在底座上的位置如图 4-2-13 所示。

在清洁机底座的下方会粘一块厚度为 4mm 的刮布。其造型简单,可直接拉伸获得。刮布与底座之间的连接采用粘贴的方式,这是由刮布的材质决定的。刮布实体模型如图 4-2-14 所示。

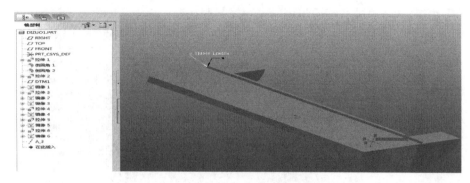

图 4-2-13　清洁机底座底面实体图

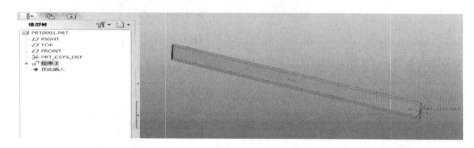

图 4-2-14　刮布实体图

4. 清洁机连接杆的设计

（1）连杆实体由上盖的支架、圆球连接和连接杆组成，简称三部件。三部件实体模型如图 4-2-15 所示。推杆的长度在 1300mm 左右。

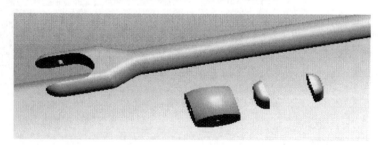

图 4-2-15　三部件实体图

（2）装配。三部件连接效果如图 4-2-16 所示。由于中间是球形结构，可 360° 旋转。

（3）螺纹孔的绘制。在连接杆和推杆之间采用比较牢固且容易装卸的螺栓与螺孔的连接。螺纹孔如图 4-2-17 所示。

第4章　家用产品(零件)的三维造型设计

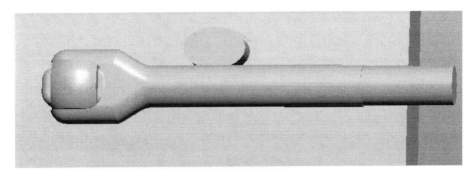

图 4-2-16　三部件组成效果图

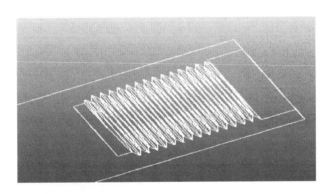

图 4-2-17　螺纹孔效果图

(4) 以同样的方法绘制螺栓。螺栓实体模型如图 4-2-18 所示。

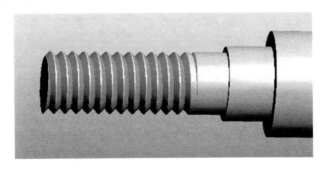

图 4-2-18　螺栓实体图

5. 清洁机其他部件的设计

(1) 挡尘板的设计。挡尘板位于滚刷的下方,作用是使灰尘可以被轻易地扫进集尘盒,而没有残留。挡尘板实体模型如图 4-2-19 所示。

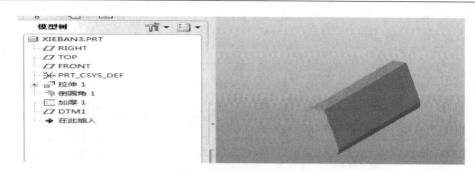

图 4-2-19　挡尘板实体图

（2）滚刷的设计。滚刷沿中轴线环形分布三层（每层有 15 个）毛刷，这样每层之间相邻两个毛刷的间距只有 3mm，且毛刷是蓬松的，所以基本上没有间隙，这样即使在滚刷快速滚动时也可以高效地将灰尘、杂物扫入集尘盒。滚刷实体模型如图 4-2-20 所示。

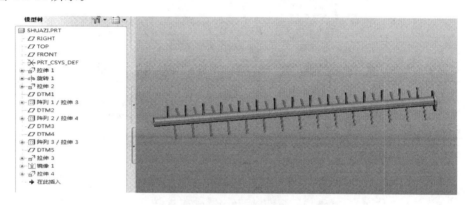

图 4-2-20　滚刷实体图

由于毛刷是由一根根线组成的类似圆柱形的形状，所以直接用圆柱代替。其设计过程是先拉伸一个圆柱，再通过旋转和拉伸造型两头的连接处，最后通过拉伸和阵列造型这些刷子。这样滚刷的设计就完成了。

（3）集尘盒的设计。集尘盒整体类似一个长方体，因为要经常拆卸，所以采用卡扣式连接。另要配合滚刷装灰尘，所以其对面要一高一低。卡扣实体模型如图 4-2-21 所示。集尘盒实体模型如图 4-2-22 所示。

6. 零件装配

各部分零件设计完毕，可组装起来查看整体效果。新建一个组件的模块，选择公制单位，清洁机的组装选择由下向上，所以先选择底座。以底座为准，装配各个部件，根据从下向上的规则，先装配挡尘板，需要使用匹配和对齐命令；然后装配滚刷和集尘盒。清洁机挡尘板、滚刷和集尘盒装配如图 4-2-23 所示。

第 4 章　家用产品(零件)的三维造型设计　　　　　　　　　　•185•

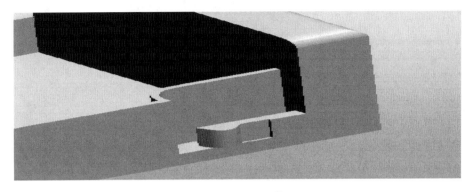

图 4-2-21　卡扣实体图

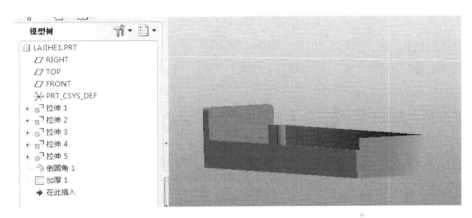

图 4-2-22　集尘盒实体图

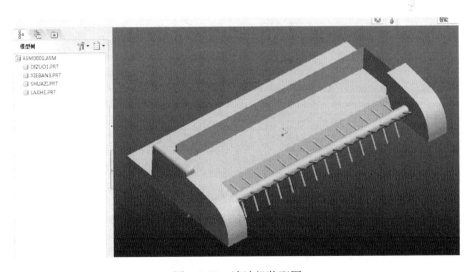

图 4-2-23　清洁机装配图

由图 4-2-23 可以看出,清洁机工作过程是滚刷的滚动,将灰尘通过挡尘板,扫入集尘盒内。这些在装配的过程中可以很明显地体现出来。例如,挡尘板的装配是依据底座中间放置挡尘板的那个横板来定位的,而滚刷的装配是依据定位轴来定位的。在装配时也可以看出设计的要求,如集尘盒较短一边的高度要低于横板,即在挡尘板最高面的下面。装配完成的清洁机上外壳部分如图 4-2-24 所示。清洁机下外壳部分如图 4-2-25 所示。

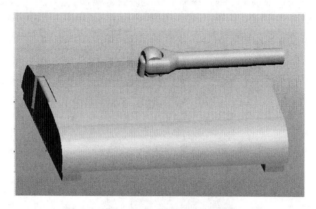

图 4-2-24 清洁机上外壳部分

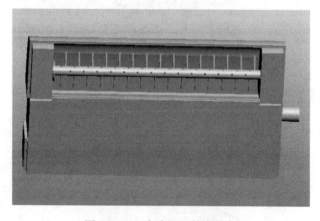

图 4-2-25 清洁机下外壳部分

4.3 遥控器外壳注塑模具造型设计

4.3.1 零件结构尺寸

所设计的遥控器外壳的上下盖连接方式,如图 4-3-1 所示。总体尺寸为 168mm×50mm×14mm。采用 6 个 M2.5mm 自攻螺钉连接。为了保证其强度,将壁厚设定为 2mm。上盖显示屏大小为 32mm×32mm。下盖采用 1mm 厚的加强筋,但为了避免外表面产生缩影现象,将加强筋的高度限制在 1mm,同时设计了 8 个支撑柱,用来承接电路板,以同样的理念,将此支撑柱壁厚设定为 1mm。电池盒采用 W 形,电池盖 U 形卡口与下盖配合。

图 4-3-1 零件实体图

4.3.2 零件注塑模具设计

采用 Catia 软件进行设计。作为 CAD/CAE/CAM 一体化的高端软件,该软件具有强大的数控加工能力。Catia V5 的数控加工功能具有:①高效的零件编程能力;②高效的变更管理;③高度自动化和标准化;④优化刀具路径,并缩短加工时间;⑤减少管理和技能方面的要求等特点。

注塑模具型腔布置包括两点,即模具型腔的数目和排列,因此采取一模二腔制进行排列。分型面为单分型面。

1. 遥控器外壳的设计文件设置

(1)新建文件。新建一个 Product 文件,在特征树中点击"Product"激活该产品。

(2)选择命令。选择下拉菜单【Start】、【机械设计】、【Core&Cavity Design】命令,系统切换至"型芯型腔设计"工作台。

(3)修改文件名。右击"Product",在系统弹出的快捷菜单中选取【属性】选项,在【零件编号】文本框中输入文件名"YKQ_mold",点击【确定】。

(4)选择命令。选择下拉菜单【Insert】、【Models】、【Import】命令,系统弹出

"Import Molded Part"对话框。

（5）在"Import Molded Part"对话框的【Model】中点击"Opens a Molded Part"，此时系统弹出"选择文件"对话框，选择已经完成的塑件模型。

（6）选择要开模的实体。在"Import YKQ_mold.CATPart"对话框中选择"零件几何体"。

图 4-3-2　缩放图

2. 设置收缩率

（1）选取坐标类型。在"Import YKQ_mold.CATPart"对话框【Axis System】区域的下拉列表中选择"Coordinates"。

（2）定义坐标值。分别在"Origin"区域中的"X"、"Y"、"Z"文本框中输入数值 0、0、0。

（3）设置收缩数值。在"Shrinkage"区域的【Ratio】文本框中输入数值 1.006，点击【确定】，完成零件几何体收缩率设置。结果如图 4-3-2 所示。

3. 添加缩放后的面板实体

（1）切换工作台。选择下拉菜单【Start】、【Mechanical Design】、【Part Design】工作台。

（2）定义工作对象。在特征树中右击【零件几何体】，选择【定义工作对象】。

（3）创建封闭曲面。选择下拉菜单【Insert】、【基于曲面的特征】、【封闭曲面】命令，然后选择【缩放.1】，点击【确定】，特征树变化结果如图 4-3-3 所示。

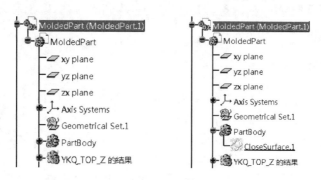

图 4-3-3　特征树

(4)切换工作台。选择下拉菜单【Start】、【机械设计】、【Core&Cavity Design】命令,系统切换至"型芯型腔设计"工作台。

4. 定义主开模方向

(1)选择命令。选择下拉菜单【Insert】、【Pulling direction】、【Main Pulling direction】命令,系统弹出"Main Pulling direction Definition"对话框,在【Shape】右侧的下拉列表中选择【Extract】选项。

(2)分解区域视图。在"Main Pulling direction Definition"对话框中点击【More】,在【Visualization】区域中选择【Explode】,结果如图 4-3-4 和图 4-3-5 所示。红色(对应于图中深色)为"Core",绿色(对应于图中浅色)为"Cavity"。

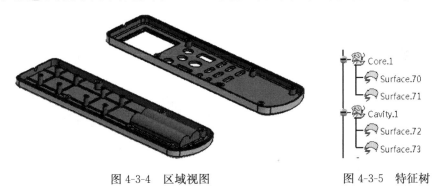

图 4-3-4　区域视图　　　　　　图 4-3-5　特征树

5. 移动元素

(1)选择命令。选择下拉菜单【Insert】、【Pulling direction】、【Transfer and Element】命令,系统弹出"Transfer Element"对话框。

(2)定义型腔区域。在该对话框【Destination】下拉列表中选取【Cavity.1】。

(3)定义型芯区域。在该对话框【Destination】下拉列表中选取【Core.1】,然后点击【确定】,完成元素的移动。

6. 集合型芯曲面 1

(1)选择命令。选择下拉菜单【Insert】、【Pulling direction】、【Aggregate Mold Area】命令,系统弹出"Aggregate surfaces"对话框。

(2)选择要集合的区域。在"Aggregate surfaces"对话框的【Select a Mold Area】中选择【Core.1】。

(3)创建连接数据。在"Aggregate surfaces"对话框中选择【Create datum Join】,点击【确定】。

7. 集合型腔曲面 2

(1) 选择命令。选择下拉菜单【Insert】、【Pulling direction】、【Aggregate Mold Area】命令，系统弹出"Aggregate surfaces"对话框。

(2) 选择要集合的区域。在"Aggregate Surfaces"对话框的【Select a Mold Area】中选择【Cavity.1】。

(3) 创建连接数据。在"Aggregate Surfaces"对话框中选择【Create datum Join】，点击【确定】。集合对话框如图 4-3-6 所示。

图 4-3-6　集合对话框

8. 模型的修补

(1) 选择命令。选择下拉菜单【Insert】、【Geometrical Set.1】命令，在弹出对话框的【名称】文本框中输入"repair_surfaces"，点击【确定】。

(2) 选择命令。选择下拉菜单【Insert】、【Surfaces】、【Fill】命令，系统弹出"填充曲面定义"对话框。

(3) 定义边界曲线。选取图中所示的边线，点击【确定】，完成填充创建。

(4) 按照上述方法，完成其余特征的填充，如图 4-3-7 所示。

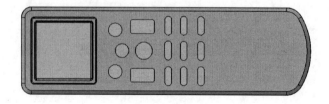

图 4-3-7　曲面

9. 创建分型面

1) 创建 PrtSrf_结合

（1）创建"几何图形集"，将其命名为"PartingSurfaces"。

（2）选择命令。选择【Insert】、【Surfaces】、【Parting Surface】命令，系统弹出"Parting Surface Defination"对话框。

（3）在图形中选择型腔区域的面，此时面上会显示很多边界点。

2) 创建 PrtSrf_拉伸

（1）选取拉伸边界点。在零件模型中选取两点作为拉伸边界点，并点击【Complementary】按钮。

（2）定义拉伸方向和长度。在对话框中选择【Direction+length】，在【Length】文本框中输入数值100。按照上述方法完成多个拉伸，如图4-3-8所示。

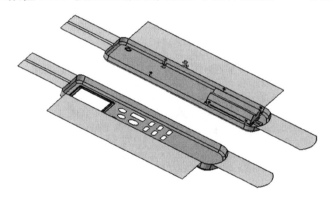

图4-3-8 示意图

（3）在"PartingSurface Defination"对话框中点击【确定】，完成 PrtSrf 的创建。

3) 创建多截面曲面

（1）选择命令。选择下拉菜单【Insert】、【Surfaces】、【Multi-sections Surface】命令，系统弹出"多截面曲面定义"对话框。

（2）选取轮廓类型。在【Section】文本栏下方选择不同的轮廓截面。

（3）在【Guide】文本栏下方选择不同的引导线。依照上述方法，完成剩余的截面曲面，如图4-3-9所示。

（4）在对话框中点击【确定】，完成多截面的创建。

10. 创建型腔和型芯分型面

1) 创建型腔分型面

（1）选择命令。选择下拉菜单【Insert】、【Operations】、【Join】命令，系统弹出

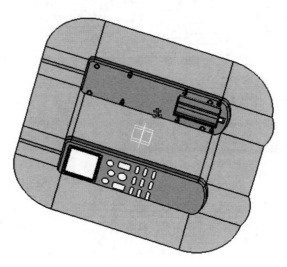

图 4-3-9 曲面

"接合定义"对话框。

（2）选择接合对象。在特征树中点击【Cavity.1】、【Repair_Surfaces】和【PrtSrf_拉伸】几个面。

（3）点击对话框中【确定】按钮，完成型腔分型面的创建。

（4）重命名型腔分型面。右击【接合.1】，选择【属性】按钮，在弹出对话框的【特征名称】文本框中输入"Cavity_Surfaces"，点击【确定】，效果如图 4-3-10 所示。

2）创建型芯分型面

创建过程与上述基本相同，最终完成型芯分型面集合，特征名称为"Core_Surfaces"，如图 4-3-11 所示。

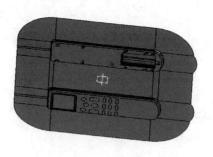 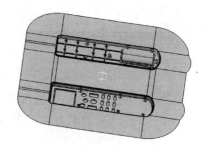

图 4-3-10 型腔　　　　　　　　　图 4-3-11 型芯

根据分型面分型原则，并结合塑件的各方面因素，最终完成分型面的设计，如图 4-3-11 所示。分型面选择的类型为平直分型面，且只需要一个，其优点是结构简单，加工方便。

4.3.3 注塑模具模架设计

模具为一模二腔,选用模架型号为 Futaba MDC SC 3335 S-MN,其中长、宽尺寸为 350mm、330mm。模架如图 4-3-12 所示。

图 4-3-12 模架

注塑模具模架设计涉及合模导向机构、复位机构、脱模机构、浇注系统、冷却系统、排气系统等。

1. 加载模架

(1) 将工作台切换到【Mold Tooling Design】。

(2) 选择命令。在【Mold Base Components】工具条中,点击【Create a New Mold】按钮▧,系统弹出"Create a new mold"对话框。

(3) 选择模架。在"Create a new mold"中点击▧按钮,系统弹出"目录浏览器"对话框。在此对话框中点击 Futaba Normal SC 选项,在弹出的"模架尺寸"列表中选择【MDC SC 3335 S-MN】选项,点击【确定】。

2. 修改模板尺寸

(1) 修改型腔模板尺寸。点击"Create a new mold"对话框中的"型腔设计表"按钮▧,此时弹出"Platechoice"对话框。在该对话框中选择合适的选项,点击【确定】,完成型芯模板尺寸的修改。

(2) 修改型芯模板尺寸。点击"Create a new mold"对话框中的"型芯设计表"按钮▧,此时弹出"Platechoice"对话框。在该对话框中选择合适的选项,点击【确定】,完成型芯模板尺寸的修改。

(3) 修改垫块尺寸。点击"Create a new mold"对话框中的"垫块设计表"按钮

▣,此时弹出"Platechoice"对话框。在该对话框中选择合适的选项,点击【确定】,完成垫块模板尺寸的修改。

修改后的模具如图 4-3-13～图 4-3-15 所示。其余的模具修改不再一一列出。

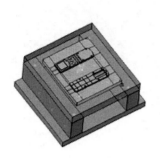  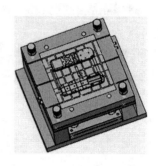

图 4-3-13　型芯修剪　　　　图 4-3-14　型腔修剪　　　　图 4-3-15　模腔排气布局

最终产品模具三维装配图如图 4-3-16 所示。

图 4-3-16　模具装配图

第5章 机床产品(零件)的三维造型设计

5.1 机床导轨三维设计

5.1.1 导轨结构特点

机床导轨是机床上的重要部件,其功用是承受载荷和导向,它承受安装在导轨上的运动部件及工件的重力和切削力,运动部件可以沿导轨运动。机床导轨有多种形式,常见的有燕尾槽导轨。

燕尾槽导轨的结构特点是导轨两侧有燕尾槽结构,实物如图 5-1-1 所示。

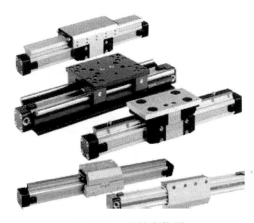

图 5-1-1 导轨实物图

5.1.2 导轨设计

本章三维设计采用 UG 软件。UG(Unigraphics)是一款集 CAD/CAM/CAE 于一体的软件集成系统,其功能覆盖整个产品开发过程,从概念设计、系统工程、功能分析到制造,在航空航天、汽车、机械、模具和家用电器等工业领域应用非常广泛。UG 软件具有很多优点,包括灵活的复合建模模块以及强大逼真的照相渲染、动画和快速的原型工具。复合建模包括实体建模(Solid)、曲面建模(Surface)、线框建模(Wireframe)以及基于特征的参数化建模。导轨的 UG 软件设计步骤如下。

1. 绘制草图

燕尾槽导轨的特点是沿着导轨轴线方向的截面形状不变。因此,先建立导轨的截面几何图形,再沿垂直于截面方向拉伸。首先通过 UG 软件中的草图功能绘制截面几何图形。

选择 XOY 平面为草图平面,在草图平面绘制导轨截面形状,如图 5-1-2 所示。

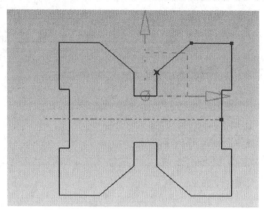

图 5-1-2　草图导轨截面

2. 拉伸

在工具栏中点击拉伸操作,出现图 5-1-3 所示的拉伸操作菜单。

图 5-1-3　拉伸操作菜单

截面曲线:选择导轨截面曲线——草图曲线。指定拉伸矢量方向:选择 Z 轴为正方向。拉伸距离:输入 400mm,如图 5-1-3 所示。布尔运算:选择【创建】,如图 5-1-4 所示。最后创建的燕尾槽导轨模型如图 5-1-5 所示。

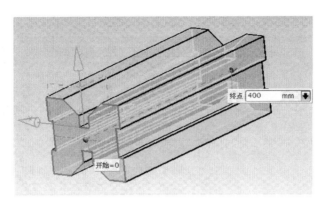

图 5-1-4　拉伸距离和拉伸方向

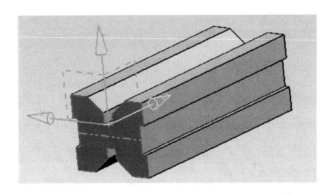

图 5-1-5　燕尾槽导轨模型

5.2　车床主轴三维设计

主轴是车床上的关键部件,如图 5-2-1 所示,其性能直接影响加工质量和精度,因此其设计尤为重要。了解主轴结构,对结构特征准确把握,将直接影响建模设计的准确性。本节以车床 C616 主轴为例进行说明。

5.2.1　主轴结构特点

车床 C616 主轴是典型的阶梯轴,有 9 段圆柱体、1 段圆锥体,在其圆柱面上分布有一些 U 形沟槽,主轴是空心轴,有两段圆孔,一段锥形孔。图 5-2-2 为 C616 主轴尺寸示意图。

图 5-2-1　C616 主轴实物图

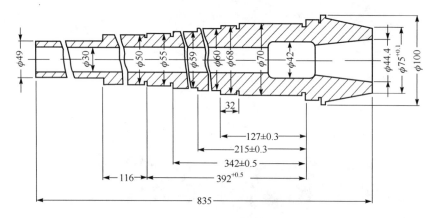

图 5-2-2　C616 主轴尺寸示意图(单位:mm)

5.2.2　主轴设计

采用 UG 软件对主轴建模,设计步骤如下。

1. 建立圆轴的模型

1) 第 1 段圆柱体

在菜单栏中选择【插入】,在插入的菜单下选择【设计特征】,在设计特征的子菜单中选择【圆柱体】,出现图 5-2-3 所示的对话框。

在对话框中选择圆柱体轴的矢量方向为 Z 轴正方向,指定点为坐标原点;直径为 $\phi49$mm,长度为 130mm,得到图 5-2-4 所示的圆柱体模型。

2) 第 2 段圆柱体

选择圆柱体轴的矢量方向为 Z 轴反方向,指定点为坐标原点。

根据车床主轴尺寸图进行设置:直径为 $\phi50$mm,长度为 116mm。图 5-2-5 为圆柱体设置对话框,图 5-2-6 为第 1、2 段圆柱体模型。

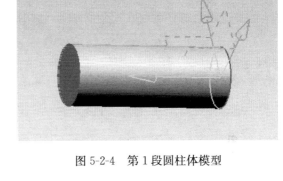

图 5-2-3 圆柱体建立对话框　　　　图 5-2-4 第 1 段圆柱体模型

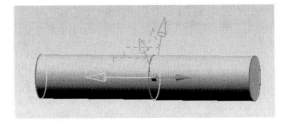

图 5-2-5 圆柱体设置对话框　　　　图 5-2-6 第 1、2 段圆柱体模型

3）第 3 段圆柱体

选择圆柱体轴的矢量方向为 Z 轴反方向，指定点为坐标点(0,0,-116)，如图 5-2-7 所示。在图 5-2-8 所示的圆柱体设置对话框中确定圆柱体尺寸。

根据车床主轴尺寸图进行设置：直径为 ϕ55mm，长度为 50mm。第 1、2、3 段圆柱体模型见图 5-2-9。

图 5-2-7　坐标点设定

图 5-2-8　圆柱体设置对话框

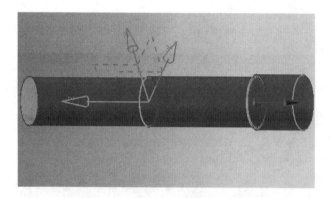

图 5-2-9　第 1、2、3 段圆柱体模型

其余各段圆柱体建模方法与上面的过程相似,不再重复。最后得到第 1～9 段圆柱体模型见图 5-2-10。

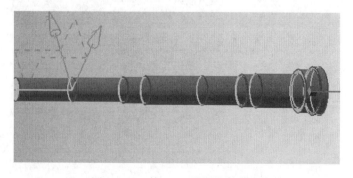

图 5-2-10　第 1～9 段圆柱体模型

2. 建立圆锥体的模型

在菜单栏中选择【插入】,在插入的菜单下选择【设计特征】,在设计特征的子菜单中选择【圆锥】。选择圆锥体的矢量方向为 Z 轴负方向,输入特征参数如图 5-2-11 所示。

选择放置圆锥体的基准点为坐标点(0,0,−540),建立图 5-2-12 所示的圆锥体模型图。

图 5-2-11 输入参数对话框

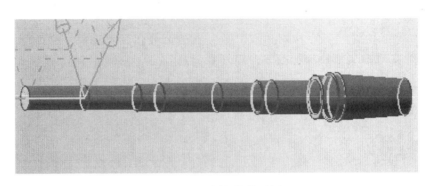

图 5-2-12 圆锥体模型图

3. 叠加十个结构(布尔运算)

将九个圆柱体和一个圆锥体进行布尔求和,点击菜单栏图标 ,步骤如下。
(1) 选择目标体:圆锥体。
(2) 选择刀具目标体:九个圆柱体。

4. 在圆锥体上建立圆锥孔

在圆锥体内部建立小圆锥体,通过布尔求差运算,可以建立圆锥孔。
在菜单栏中选择【插入】、【设计特征】、【圆锥】。
圆锥体矢量方向:Z 轴正方向;输入特征参数:底部直径为 ϕ60mm,顶部直径为 ϕ30mm,长度为 100mm。
选择圆锥体放置的基准点为坐标点(0,0,−690),建立模型如图 5-2-13 所示。

5. 在圆锥孔前方建立圆孔

圆柱体轴的矢量方向为 Z 轴正方向,指定点为坐标点(0,0,−530)。

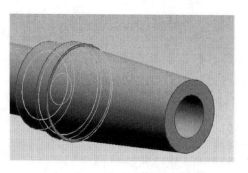

图 5-2-13 圆锥孔模型

输入特征参数：直径为 $\phi42$mm，长度为 70mm；布尔运算选择求差。图 5-2-14 为圆柱孔对话框，建立模型如图 5-2-15 所示。

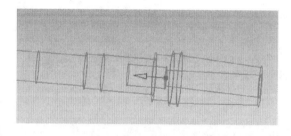

图 5-2-14 圆柱孔对话框   图 5-2-15 圆柱孔模型

在直径为 $\phi42$mm 的圆孔两端加半径为 $\phi5$mm 圆角。点击面倒圆角图标 ，对话框如图 5-2-16 所示。面链 1 选择内孔面，面链 2 选择内孔底面，得到图 5-2-17 所示的圆角。

6. 在主轴前端建立直径为 $\phi30$mm 的通孔

在菜单栏中选择【插入】、【设计特征】、【孔】。

选择孔起止面为主轴前端面，结束面为直径为 $\phi42$mm 的圆柱孔前端面，开直径为 $\phi30$mm 的圆孔，如图 5-2-18 所示。

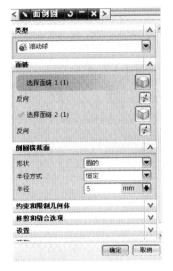
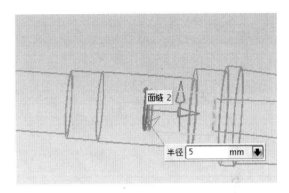

图 5-2-16　面倒圆对话框　　　　图 5-2-17　半径为 5mm 的圆角

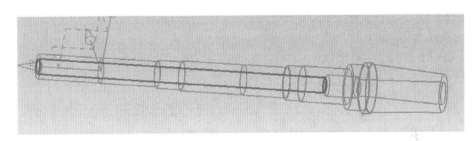

图 5-2-18　主轴前端建立直径为 ϕ30mm 的圆孔

7. 在主轴表面加沟槽

(1) 在第 7 段与第 8 段圆柱体相接处建立矩形沟槽。在菜单栏中选择【插入】、【设计特征】、【割槽】；选择沟槽类型为矩形，相关对话框见图 5-2-19 和图 5-2-20。

图 5-2-19　沟槽类型对话框　　　图 5-2-20　矩形沟槽放置面设置对话框

选择矩形沟槽放置的面为第 7 段圆柱体外圆柱面，见图 5-2-21 中深色外圆柱面的位置。

输入沟槽参数：直径为 ϕ60mm，宽度为 10mm，如图 5-2-22 所示。最终得到第 7 段与第 8 段圆柱体之间的沟槽模型，如图 5-2-23 所示。

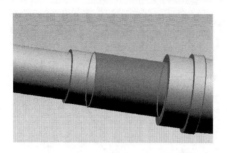

图 5-2-21　沟槽放置位置　　　　　图 5-2-22　矩形沟槽参数输入对话框

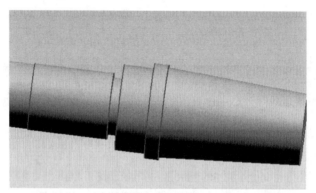

图 5-2-23　第 7 段与第 8 段圆柱体之间的沟槽模型

（2）定位沟槽：选择定位目标为第 7 段与第 8 段圆柱体相交的底面。选择定位刀具边为沟槽的右侧面，输入定位值为 0mm。

（3）采用上述方法，在第 8 段与第 9 段圆柱体相接处建立直径为 ϕ85mm、宽度为 5mm 的矩形沟槽，如图 5-2-24 所示。

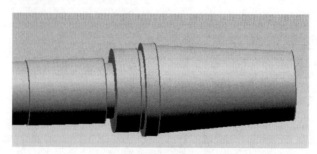

图 5-2-24　第 8 段与第 9 段圆柱体相接处矩形沟槽模型

(4) 在第2段与第3段圆柱体相接处建立直径为 $\phi45$mm、宽度为 5mm 的矩形沟槽,如图 5-2-25 所示。

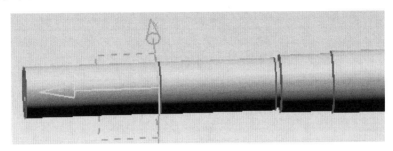

图 5-2-25　第2段与第3段圆柱体相接处建立矩形沟槽

(5) 在第3段与第4段圆柱体相接处建立直径为 $\phi50$mm、宽度为 5mm 的矩形沟槽,如图 5-2-26 所示。

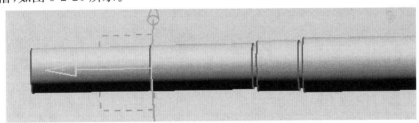

图 5-2-26　第3段与第4段圆柱体相接处建立矩形沟槽

(6) 在第6段与第7段圆柱体相接处建立直径为 $\phi63$mm、宽度为 5mm 的矩形沟槽,如图 5-2-27 所示。

图 5-2-27　第6段与第7段圆柱体相接处建立矩形沟槽

5.2.3　零件视图

在工具栏中点击【开始】右侧箭头,出现下拉菜单,在菜单中选择【所有应用模块】,在这些应用模块中选择【制图模块】。首先选择工程图的图纸大小、画图比例,图纸设置对话框如图 5-2-28 所示。对于车床 C616 主轴,选择 A2 图纸,比例选用 1∶2,图纸名称为 Sheet1。

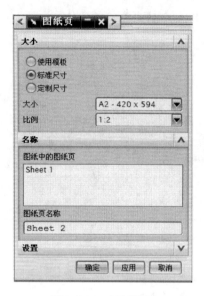

图 5-2-28　图纸设置

创建主轴两面视图,在图上标注相关尺寸,在工具栏 中,这几个按钮用于标注尺寸,最后修改得到的视图如图 5-2-29 所示。

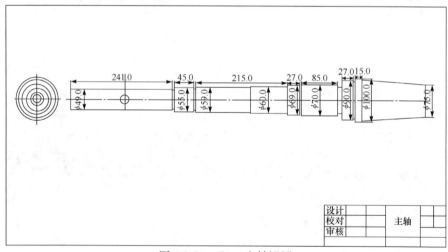

图 5-2-29　C616 主轴视图

5.3　数控机床刀柄三维设计

数控机床的刀柄是连接机床主轴与刀具的重要部件,其作用是夹持切削刀具,保证主轴中心与刀具中心同轴,同时具有高刚度。

5.3.1 刀柄结构特点

刀柄上面是两个圆柱体结构,下面是圆锥体结构,中间的圆柱体表面是梯形槽,实物如图 5-3-1 所示。

图 5-3-1 数控机床刀柄实物

5.3.2 刀柄设计

利用 UG 软件的设计步骤如下。

1. 建立圆锥体

选择【插入】、【设计特征】、【圆锥】。
圆锥体矢量方向:Z 轴正方向。
输入特征参数:顶部直径 ϕ30mm,底部直径 ϕ60mm,高度 100mm,如图 5-3-2 所示。
圆锥体的基准点:坐标原点,如图 5-3-3 所示。得到圆锥体的模型图,如图 5-3-4 所示。

图 5-3-2 圆锥参数输入对话框

2. 中间圆柱体(底面直径 ϕ75mm,高度 50mm)

选择【插入】、【设计特征】、【圆柱】。
定义圆柱体轴的方向:Z 轴反方向;定义圆柱体轴的起点:坐标原点。
输入圆柱体参数:直径 ϕ75mm,高度 50mm,得到模型如图 5-3-5 所示。

3. 在中间圆柱体上加梯形槽

在中间圆柱体的外圆柱面上绘制梯形槽,在工具栏中选择草图图标 ,选择绘制草图的平面为 XOZ 平面，绘制草图如图 5-3-6 所示。

图 5-3-3　基准点输入对话框

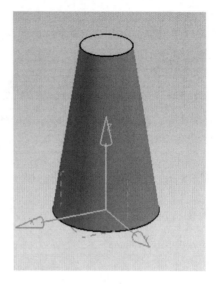

图 5-3-4　圆锥体三维模型

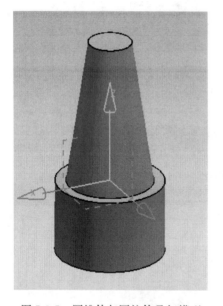

图 5-3-5　圆锥体与圆柱体叠加模型

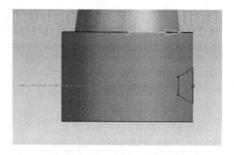

图 5-3-6　梯形槽草图

通过旋转和布尔运算求差得出梯形槽，在工具栏中选择回转图标 。选择曲线为草图曲线，指定旋转矢量轴为 Z 轴，指定点为圆柱体底面圆圆心，旋转角度为 360°，布尔运算为求差。旋转对话框如图 5-3-7(a)所示，得到三维模型如图 5-3-7(b)所示。

第 5 章 机床产品(零件)的三维造型设计

 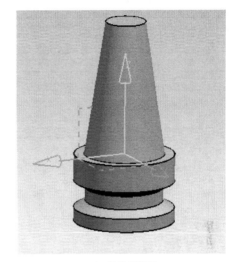

(a) 旋转对话框　　　　　　　　(b) 旋转后模型

图 5-3-7　梯形槽模型

4. 下端圆柱体(带螺纹)

选择【插入】、【设计特征】、【圆柱】。
定义圆柱体轴的方向：Z 轴反方向；定义圆柱体轴的起点：$(0,0,-50)$。
输入圆柱体参数：直径 $\phi 50\mathrm{mm}$，高度 $30\mathrm{mm}$，得到圆柱体模型如图 5-3-8 所示。

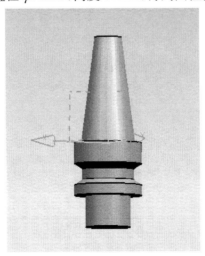

图 5-3-8　圆柱体模型

在圆柱体的圆柱面上建立外螺纹。外螺纹尺寸为：大径 ϕ50mm，小径 ϕ48.5mm，长度20mm，螺距为2mm，角度60°，螺纹旋向为右旋。

选择【插入】、【设计特征】、【螺纹】。

(1) 选择螺纹类型：详细。

(2) 选择放置螺纹的圆柱面：下端圆柱体的圆柱面。

(3) 选择螺纹起始面：圆柱体上底面；螺纹矢量方向：沿 Z 轴方向，得到螺纹模型如图 5-3-9 所示。

 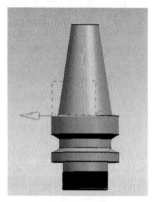

(a) 螺纹参数输入对话框　　　　　(b) 外螺纹模型

图 5-3-9　螺纹模型建立

5. 叠加三个结构(布尔运算)和打孔

将两个圆柱体和一个圆锥体变成一个整体模型，才可进行其余操作。进行布尔求和，点击菜单栏图标 ，弹出图 5-3-10(a) 所示对话框，步骤如下。

 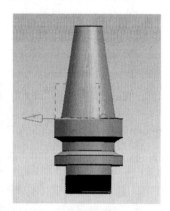

(a) 布尔求和对话框　　　　　(b) 求和后模型

图 5-3-10　建立刀柄整体模型

(1) 选择目标体：圆锥体。

(2) 选择刀具目标体：上面圆柱体、中间圆柱体，得到整体模型如图 5-3-10(b)所示。

打孔：通孔直径为 φ20mm。

选择【插入】、【设计特征】、【孔】，弹出图 5-3-11 所示孔对话框。

(1) 选择孔起止面：刀柄结构上端面和下端面。

(2) 孔定位：选择点到点的定位方式，图标为 ，定位基准选择上端面圆的圆心，如图 5-3-12 所示，最后得到刀柄模型如图 5-3-13 所示。

图 5-3-11　孔的对话框

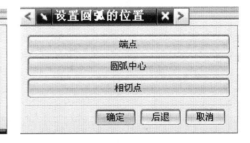

图 5-3-12　孔定位

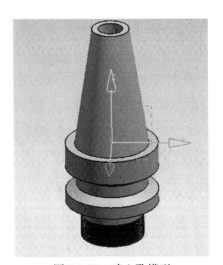

图 5-3-13　建立孔模型

5.3.3 零件视图

在工具栏中选择【制图模块】。选择 A4 图纸,比例选用 1∶1,图纸名称为 daobing,标注尺寸,修改后得到的视图如图 5-3-14 所示。

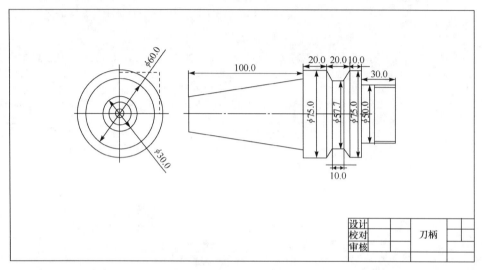

图 5-3-14　刀柄视图

5.4　滚珠丝杆三维设计

滚珠丝杆是数控车床刀架实现进给运动的重要部件。滚珠丝杆的传动效率高,具有在高速、高载荷下发热较小,磨损小,寿命长,无爬行以及驱动力矩大和自锁特性等一系列的优点。滚珠丝杆主要组成有丝杆、螺母、滚珠和密封圈,实物如图 5-4-1 所示。

图 5-4-1　滚珠丝杆

5.4.1 丝杆结构特点

丝杆上有类似螺纹的结构,但是其沟槽的截面是球面。丝杆是阶梯轴形式,丝杆与螺母以及滚珠构成螺纹副,丝杆的端面有锥孔,其结构如图 5-4-2 所示。

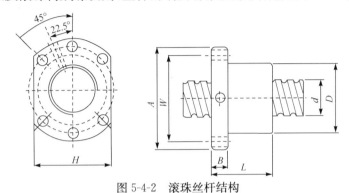

图 5-4-2 滚珠丝杆结构

5.4.2 丝杆设计

设计步骤如下。

1. 创建丝杆

1) 建立圆柱体

圆柱体尺寸为:底面直径 ϕ32mm,高度 200mm。轴线起点坐标为(0,0,0)。在菜单栏中选择【插入】、【设计特征】、【圆柱体】,建立圆柱体。

2) 建立螺纹

首先在圆柱面上建立螺旋线,沿螺旋线方向建立管道,通过布尔运算求差即可得到螺纹。在丝杆上建立螺旋线,单线螺旋线,螺距为 5mm,直径为 ϕ32mm,距离公差、角度公差选择默认值,建立螺纹对话框如图 5-4-3(a)所示,定义螺旋线方向为 Z 轴正方向,定义螺旋线的起点为(0,0,20),建立螺旋线如图 5-4-3(b)所示。

在菜单栏中选择管道图标,弹出对话框如图 5-4-4(a)所示,管道外径为 ϕ3.175mm,内径为 0mm,路径为螺旋线,布尔运算为求差,布尔运算选择体为圆柱体,建立螺纹模型如图 5-4-4(b)所示。

3) 建立阶梯轴

丝杆靠近两端的光杆部分的轴径为 ϕ25mm,形成两端小、中间大的阶梯轴形式。在工具栏中选择【插入】、【设计特征】、【沟槽】,建立一个矩形沟槽,放置面为丝杆圆柱面;其参数为:沟槽直径 ϕ25mm,宽度 35mm;定位沟槽:刀具边为沟槽的靠外侧一边,工具边为圆柱体外端面的一边,建立丝杆一端沟槽,如图 5-4-5 所示。

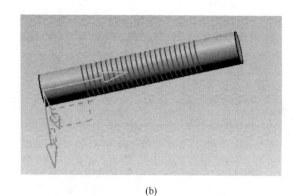

图 5-4-3　建立螺旋线

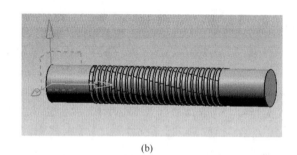

图 5-4-4　建立螺纹

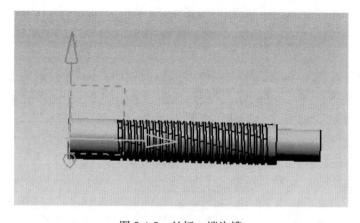

图 5-4-5　丝杆一端沟槽

由于阶梯轴是对称结构,在工具栏中选择【插入】、【关联复制】、【镜像体】。

镜像特征:矩形沟槽。镜像平面:新平面;指定平面:使用平面构造器 Bisector 选择圆柱体两端面的对称面,镜像平面选择对话框如图 5-4-6 所示。最后建立丝杆阶梯轴模型如图 5-4-7 所示。

图 5-4-6　镜像平面选择

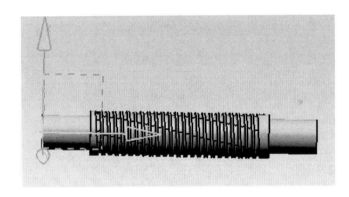

图 5-4-7　丝杆阶梯轴模型

4) 建立丝杆两端面锥孔

选择【插入】、【设计特征】、【孔】。

孔的形式:简单孔,直径 $\phi2mm$,有锥面的盲孔。

孔的放置位置:丝杆两端面圆的圆心,得到模型如图 5-4-8 所示。

2. 创建滚珠

选择【插入】、【设计特征】、【球】。

球体建立方式:直径,圆心,对话框如图 5-4-9 所示。

球体参数:直径 $\phi3.175mm$,对话框如图 5-4-10 所示。

球心所在点:选择坐标原点,在图 5-4-11 所示对话框中输入坐标值。

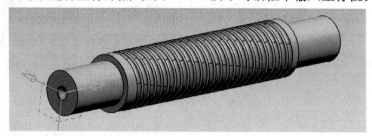

图 5-4-8　丝杆轴端锥孔

图 5-4-9　球体建立方式对话框

图 5-4-10　球体参数输入对话框

图 5-4-11　球心坐标值设定

3. 创建螺母

螺母结构:由上下两个圆柱体构成,上面小圆柱体(圆柱体Ⅰ)的尺寸为:直径 ϕ50mm,高度 40mm;下面大圆柱体(圆柱体Ⅱ)的尺寸为:直径 ϕ80mm,高度 12mm。

1) 建立圆柱体Ⅰ

圆柱体Ⅰ的轴线矢量方向为 Z 轴正方向,轴线起点为(0,0,0),如图 5-4-12 所示。

2) 建立圆柱体Ⅱ

圆柱体Ⅱ的轴线矢量方向为 Z 轴负方向,轴线起点为(0,0,0),如图 5-4-13 所示。

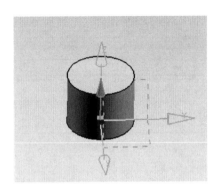
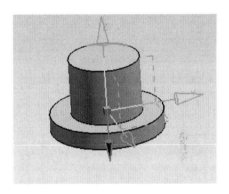

图 5-4-12　圆柱体Ⅰ模型　　　　图 5-4-13　圆柱体Ⅱ模型

3) 修剪体

首先建立基准面,在图 5-4-14(a)对话框中,将 XOZ 平面沿 y 轴正方向平移 31mm,得到新的基准面 1,如图 5-4-14(b)所示;用同样的方法,将 XOZ 平面沿 y 轴负方向平移 31mm,得到新的基准面 2,如图 5-4-15 所示。

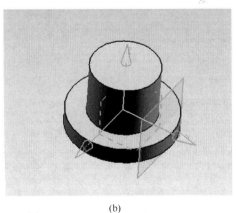

(a)　　　　　　　　　　　　　　(b)

图 5-4-14　建立基准面 1

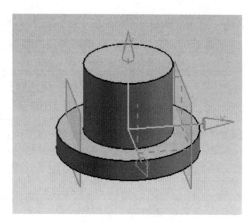

图 5-4-15 建立基准面 2

点击菜单栏中修剪图标按钮。

目标选择体:圆柱体Ⅱ。

刀具:分别选择基准面 1、基准面 2,作两次修剪,如图 5-4-16 和图 5-4-17 所示。

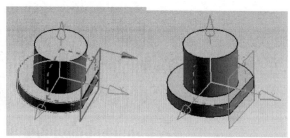

图 5-4-16 以基准面 1 修剪圆柱体Ⅱ

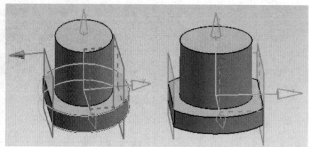

图 5-4-17 以基准面 2 修剪圆柱体Ⅱ

4) 圆柱体Ⅱ上打孔

圆柱体Ⅱ上表面分布有 6 个直径为 φ9mm 的通孔,首先建立定位圆和定位直线,在圆柱体Ⅱ上建立直径为 φ65mm 的圆,如图 5-4-18(a)所示,过该圆的圆心作两条直线,两直线夹角为 45°,如图 5-4-18(b)所示。

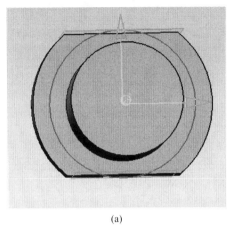
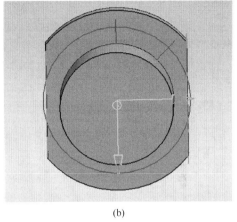

(a)   (b)

图 5-4-18 建立孔的定位圆和定位直线

在圆柱体Ⅱ上表面打直径为 φ9mm 的通孔,将孔定位在直线与圆的交点位置,建立图 5-4-19 所示的通孔。

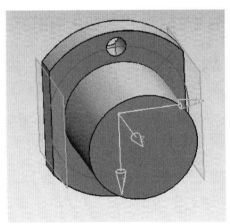
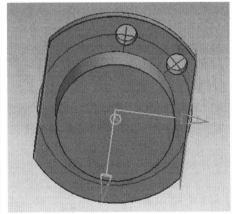

图 5-4-19 建立圆柱体Ⅱ上的通孔

在工具栏中选择【插入】、【关联复制】、【镜像体】。

镜像特征:右侧孔。

镜像平面:现有平面 XOZ,得到图 5-4-20 所示的圆柱体Ⅱ上左侧孔模型。

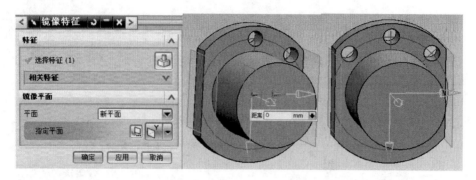

图 5-4-20　建立圆柱体Ⅱ上左侧孔

同样利用上述方法,采用镜像圆柱体Ⅱ下侧的 3 个孔,镜像平面为现有平面 YOZ,得到图 5-4-21 所示圆柱体Ⅱ下侧 3 个通孔。

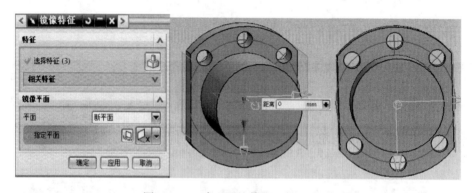

图 5-4-21　建立圆柱体Ⅱ下侧 3 个孔

5) 建立螺纹孔

在螺母中心部分的螺纹孔,螺母与丝杆构成螺纹副。首先将圆柱体Ⅰ与圆柱体Ⅱ通过布尔运算求和,圆柱体Ⅰ与圆柱体Ⅱ构成一体,再在圆柱体Ⅰ上表面打一个直径为 $\phi 28.825$mm 的通孔,如图 5-4-22 所示。

在通孔内圆柱面上建立螺旋线,直径为 $\phi 28.825$mm,螺距 5mm,圈数为 10,螺旋线起点为(0,0,-12),螺旋线方向为 Z 轴正方向,其他参数取默认值,建立图 5-4-23 所示通孔内表面螺旋线。

在菜单栏中选择管道,点击 按钮,管道外径为 $\phi 3.175$mm,内径为 0mm。路径为螺旋线。布尔运算为求差。布尔运算选择体为螺母,建立图 5-4-24 所示螺纹孔模型。

第5章 机床产品(零件)的三维造型设计 ·221·

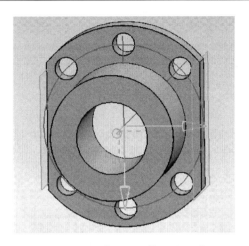

图 5-4-22 建立圆柱体Ⅰ的通孔

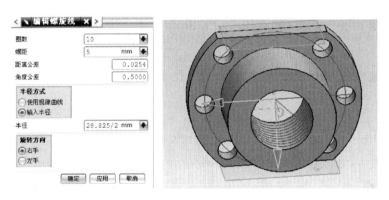

图 5-4-23 圆柱体Ⅰ的通孔内表面螺旋线

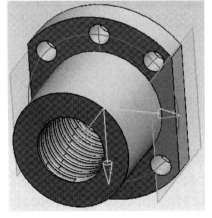

图 5-4-24 圆柱体Ⅰ螺纹孔

6）建立圆柱体Ⅱ的定位螺纹孔

在圆柱体Ⅱ圆柱面上的螺纹孔是定位螺纹孔 M6，由于定位螺纹孔 M6 在圆柱面上，其与对称轴成 22.5°，所以不能通过通常建立孔的方式建模，只有通过草绘方式建立，首先要建立草绘平面，再通过拉伸形成。

(1) 建立基准面。

将圆柱体Ⅱ上一个基准面绕 Z 轴旋转 66.5°（平面法向旋转角），草图基准面如图 5-4-25 所示。

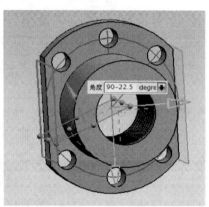

图 5-4-25　建立定位螺纹孔的草图平面

(2) 绘制草图。

在以上建立的基准面上绘制草图，将圆柱体Ⅱ上表面对称轴上孔以及左侧孔的边缘投影到基准面上，分别过这两条投影线段建立两条垂线，连接两垂线中点，形成一条水平线，在水平线建立一个直径为 $\phi 5mm$ 的圆，如图 5-4-26 所示。

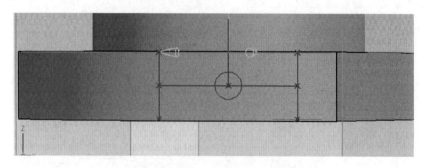

图 5-4-26　定位螺纹孔草绘

修剪其余线条,只保留圆,进行拉伸操作,得出定位螺纹孔的模型,如图 5-4-27 所示。

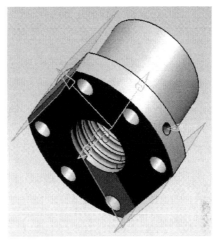

图 5-4-27　定位螺纹孔模型

5.4.3　零件视图

在工具栏中选择【制图模块】。选择 A4 图纸,比例选用 1∶1,图纸名称 gunzhusigan,标注尺寸,修改后得到视图如图 5-4-28 所示。

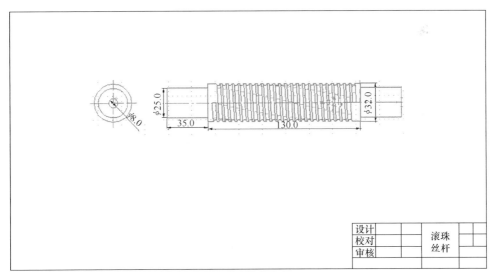

图 5-4-28　滚珠丝杆视图

利用同样的方法,可以创建螺母的工程视图,选择 A4 图纸,比例选用 1∶1,图纸名称 luomu,视图选择主视图、全剖俯视图、左视图来表达,如图 5-4-29 所示。

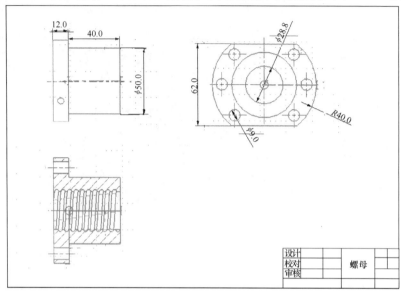

图 5-4-29　螺母视图

5.5　端面齿轮盘三维设计

5.5.1　齿轮盘结构特点

端面齿轮盘是分度设备的关键部件,能确保 MCT、CNC 车床转塔刀架、等分转台等多工序自动数控机床和其他分度设备的运行精度。本节选用双体端面齿轮盘,其参数为:齿形角 $\alpha=45°$,齿数 $z=150$,齿顶半角 $\beta=45'$。

端面齿轮盘整体结构是一个圆柱体,在圆柱体的端面均匀分布 150 个齿,3 个 ϕ10mm 锥销孔,6 个 M20×1.5 螺纹孔,中心部分为 ϕ168mm 的通孔,其实物如图 5-5-1 所示。

图 5-5-1　端面齿轮盘实物图

5.5.2 齿轮盘设计

建模设计步骤如下。

1. 建立圆柱齿坯

选择【插入】、【设计特征】、【圆柱体】。

创建直径为 φ300mm、高度为 23.5mm 的圆柱体齿坯模型。

轴线方向为 Z 轴正方向。

指定点为坐标原点；其他参数默认。圆柱体齿坯模型如图 5-5-2 所示。

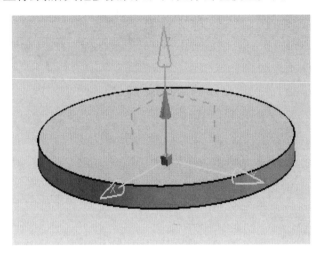

图 5-5-2 圆柱体齿坯模型

2. 建立阶梯孔

沉头孔直径为 φ272mm，沉头孔深度为 8mm；小孔直径为 φ168mm，小孔为通孔。

选择【插入】、【设计特征】、【孔】，在弹出的孔设计对话框(图 5-5-3)中选择相关设计参数，选择孔的类型为沉头孔。

选择孔放置的位置：圆柱体上端面。

孔通过的面：圆柱体下端面。

定位方式：点到点——孔的中心与夹头端面的圆同心。建立沉头孔模型如图 5-5-4 所示。

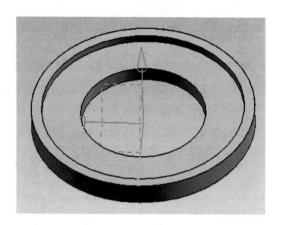

图 5-5-3 孔设计对话框　　　　　图 5-5-4 沉头孔模型

3. 建立齿槽轮廓

1) 建立草图平面

齿槽轮廓建立是通过拉伸来完成,所以绘制拉伸的草绘图形。在圆柱面上建立一个草图平面,选择工具栏中创建基准面图标 ,见图 5-5-5(a),将 XOZ 平面沿 Y 轴正向平移 150mm,见图 5-5-5(b)中基准面的位置。

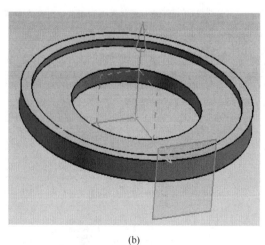

(a)　　　　　　　　　　　　　　　(b)

图 5-5-5 齿槽轮廓草图基准面

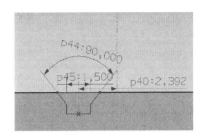

图 5-5-6 齿槽轮廓草图

在所建立的基准面上创建图 5-5-6 所示的齿槽轮廓图形。

2) 拉伸操作

在工具栏中点击【拉伸】操作,出现图 5-5-7 所示的拉伸操作菜单。

拉伸曲线:齿槽轮廓线。

拉伸方向:通过两点方式建立矢量,第一个点为齿槽轮廓上边线段中点,第二个点为齿轮盘上端面内圆的圆心。

图 5-5-7 拉伸操作

拉伸距离:开始值为 0,结束值为 16mm。

布尔运算:求差。建立图 5-5-8 所示单个齿槽轮廓模型。

3) 阵列操作

由于齿槽是均匀分布在圆柱齿坯的上端面的,所以采用圆形阵列的方式形成其他齿槽。在工具栏中点击实例按钮 ,弹出图 5-5-9 所示的对话框。阵列方式选择圆形阵列,选择要引用的特征为齿槽拉伸结构(Extrude(7)),然后点击【确定】。

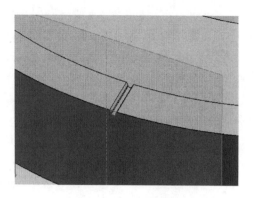

图 5-5-8 单个齿槽轮廓

图 5-5-9 阵列操作对话框

在弹出的图 5-5-10 所示对话框中,输入圆形阵列的参数:阵列数量为 150,阵列角度 $360°/150$。

阵列的旋转轴:通过点和方向方式确定旋转,对话框如图 5-5-11(a)所示。选择点为端面圆的圆心,方向为 Z 轴方向,在图 5-5-11(b)和(c)所示对话框中选择,然后点击【确定】,建立图 5-5-12 所示的端面齿廓模型。

图 5-5-10 阵列参数输入对话框

第 5 章 机床产品(零件)的三维造型设计

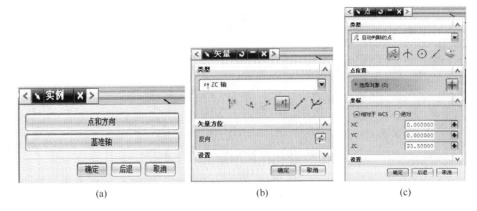

(a)　　　　　　　　　(b)　　　　　　　　　(c)

图 5-5-11　阵列方向选择

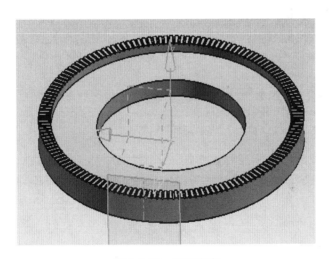

图 5-5-12　端面齿廓

4. 建立锥销孔

在沉头孔的大孔底面均匀分布 3 个锥销孔,首先建立一个圆,作为建立的锥销孔的定位基准,确定一个锥销孔,再通过阵列的方式确定其余两个锥销孔。

在菜单栏中点击【插入】、【曲线】、【直线与圆弧】、【圆】(圆心-半径)创建直径为 $\phi250\text{mm}$ 的圆,如图 5-5-13 所示。

在菜单栏中点击【插入】、【设计特征】、【孔】。

首先建立一个直径为 $\phi10\text{mm}$ 的通孔,定位方式为:在图 5-5-14 所示对话框中选择点到点—相切点的方式,建立一个锥销孔结构,如图 5-5-15 所示。

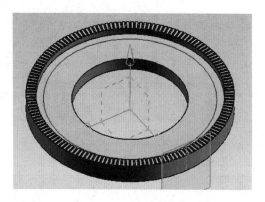

图 5-5-13　建立锥销孔基准圆

图 5-5-14　锥销孔的定位方式

阵列操作:按照前面阵列方式操作,在工具栏中选择实例特征图标 。阵列方式:圆形阵列,选择要引用的特征为齿槽拉伸结构(Simple Hole(11))。输入圆形阵列参数:阵列数量为3,阵列角度为120°。阵列的旋转轴:选择点和方向方式,其中点为端面圆的圆心,方向为 Z 轴正方向。建立均匀分布锥销孔模型如图 5-5-16 所示。

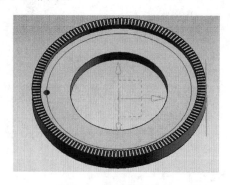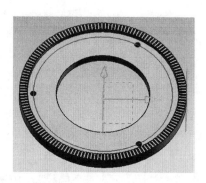

图 5-5-15　锥销孔结构　　　　图 5-5-16　均匀分布 3 个锥销孔模型

5. 建立 6 个螺纹孔

这 6 个螺纹孔中,一个螺纹孔与一个锥销孔之间的夹角为 15°,而这 6 个螺纹孔之间的夹角为 60°,绘图过程如下。

1) 创建定位线

首先要定位螺纹孔位置,通过建立直线与锥销孔的定位圆来确定。

在菜单栏中点击【插入】、【曲线】、【直线】,弹出的直线对话框如图 5-5-17 所示。起点选择阶梯孔小孔的上端面圆的圆心,终点选择锥销孔的中心,创建一条直线。

在菜单栏中点击【编辑】、【变换】。选择对象为以上创建的一条直线,选择变换的方式为绕点旋转,旋转的中心点为阶梯孔小孔的上端面圆的圆心,旋转角度为 15°,操作方式为复制,得到图 5-5-18 所示定位线。

图 5-5-17　直线对话框

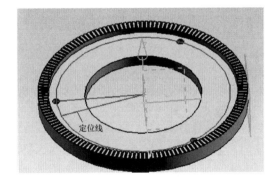

图 5-5-18　螺纹孔定位线

2) 创建螺纹孔

在建立螺纹孔之前要创建一个通孔(螺纹孔底孔),直径为 $\phi 18$mm;定位方式为点到点,点为基准线远离圆心的端点,如图 5-5-19 所示。

在通孔的内圆柱面上加螺纹。在菜单栏中点击【插入】、【设计特征】、【螺纹】。螺纹参数:大径为 $\phi 20$mm,长度为 15.5mm,螺距为 1.5mm,角度为 60°,旋转方向为右手,建立图 5-5-20 所示的螺纹孔。

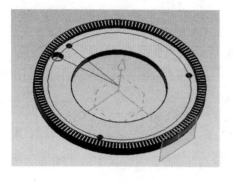
图 5-5-19　螺纹孔底孔

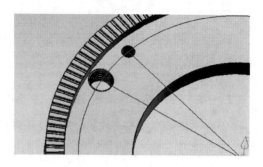
图 5-5-20　螺纹孔

阵列操作：按照前面阵列的方法，在工具栏中选择实例特征。阵列方式为圆形阵列，选择要引用的特征为螺纹孔结构（Simple Hole(14)、Threads(15)），对话框如图 5-5-21 所示。输入圆形阵列参数：阵列数量为 6，阵列角度为 60°。选择阵列的旋转轴为点和方向，其中点为端面圆的圆心，方向为 Z 轴正方向。建立图 5-5-22 所示的模型。

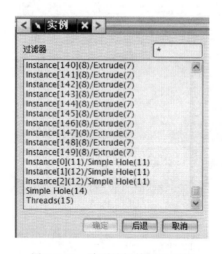
图 5-5-21　阵列选择特征对话框

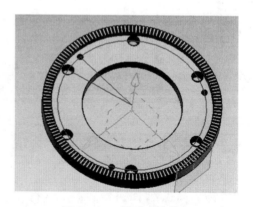
图 5-5-22　端面齿轮模型

5.5.3　零件视图

在工具栏中选择【制图模块】。选择 A3 图纸，比例选用 1∶2，图纸名称设置为 Duanmiangear，选择主视图和旋转剖视图，标注尺寸，修改后得到视图如图 5-5-23 所示。

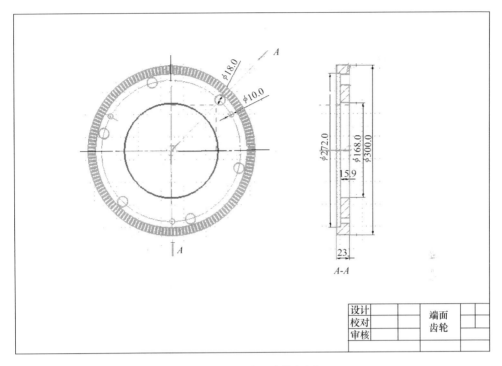

图 5-5-23 端面齿轮视图

5.6 数控铣床夹头三维设计

5.6.1 夹头结构特点

夹头分上段、下段两段圆锥体,中间段是一段圆柱体,在其表面均匀分布6个矩形通槽,6个矩形不通槽,夹头上有一个阶梯孔,主要作用是夹持铣刀。其实物形式如图5-6-1所示。

图5-6-2为夹头结构尺寸图,端直径 D 为 $\phi 11$mm,最大端直径 D_1 为 $\phi 11.5$mm,前端直径 D_2 为 $\phi 9.5$mm;长度 L 为 18mm,L_1 为 3.8mm,L_2 为 2.5mm,L_3 为 2mm;弹性收缩量为 0.5mm,$d = 4.5$mm。

5.6.2 夹头设计

设计步骤如下。

1. 建立上段圆锥体

在菜单栏中选择【插入】、【设计特征】、【圆锥体】。

图 5-6-1 数控铣床夹头

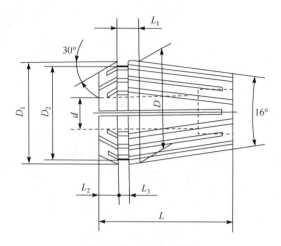

图 5-6-2 夹头结构图

选择创建圆锥体的方式：底部直径，高度，半角，对话框如图 5-6-3 所示，点击【确定】按钮。

选择创建圆锥的方向：Z 轴正方向，如图 5-6-4 所示。

图 5-6-3 圆锥体对话框

图 5-6-4 圆锥方向

输入圆锥体参数：底部直径 $\phi11.5$mm，高度 2.5mm，半角 30°，如图 5-6-5 所示。选择圆锥体轴线所在点位置为坐标原点，如图 5-6-6 所示。布尔运算为创建，如图 5-6-7 所示，创建的圆锥体模型如图 5-6-8 所示。

2. 建立中段圆柱体

在菜单栏中选择【插入】、【设计特征】、【圆柱体】。

选择创建圆柱体的方向：Z 轴反方向。圆柱体轴线所在点为坐标原点。输入圆柱体参数：直径 $\phi9.5$mm，高度 2mm。布尔运算为求和，得到上段圆锥体与中段

第 5 章 机床产品(零件)的三维造型设计

图 5-6-5 输入参数对话框

图 5-6-6 确定点位置

图 5-6-7 布尔运算对话框

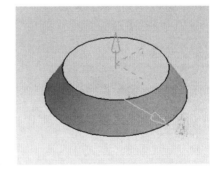

图 5-6-8 创建单个圆锥体

圆柱体叠加的模型,如图 5-6-9 所示。

3. 建立下段圆锥体

在菜单栏中选择【插入】、【设计特征】、【圆锥体】。

创建方法与上段圆锥体相同,选择创建圆锥体的方式:底部直径、高度、半角。

选择创建圆锥的方向:Z 轴反方向。

输入圆锥体参数:底部直径 $\phi11.5$mm,高度 13.5mm,半角 8°。选择圆锥体轴线所在点为坐标点(0,0,-2)。布尔运算为求和,创建的三个几何体叠加模型,如图 5-6-10 所示。

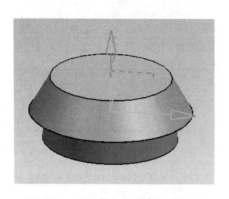 

图 5-6-9　圆锥体与圆柱体叠加模型　　图 5-6-10　三个几何体叠加模型

4. 建立沉头孔

沉头孔直径为 $\phi 6mm$，沉头孔深度为 6.3mm；小孔直径为 $\phi 4.5mm$，小孔为通孔。

在菜单栏中选择【插入】、【设计特征】、【孔】。

选择孔的类型：沉头孔。具体参数：沉头孔直径为 $\phi 6mm$，沉头孔深度为 6.3mm；小孔直径为 $\phi 4.5mm$，孔长度为 11.7mm。

选择孔放置的位置：下段圆锥体的下端面。

孔通过的面：上段圆锥体的上端面，如图 5-6-11 所示。

定位方式：点到点——孔的中心与夹头端面的圆同心。建立沉头孔模型如图 5-6-12 所示。

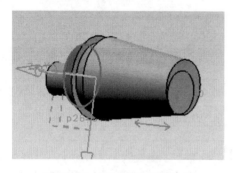 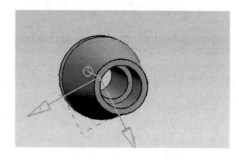

图 5-6-11　沉头孔放置的位置　　　图 5-6-12　沉头孔模型

5. 创建矩形不通槽、矩形通槽

1) 创建矩形不通槽

6 个矩形不通槽分布在夹头上段圆锥体上表面和锥面上，绘制草图，通过拉伸形成矩形不通槽。

创建草图:在夹头的上段圆锥面的上端面绘制草图,将端面的孔的内圆、端面的外圆投影到草图平面,过圆心画一条过端面圆半径的直线,利用派生直线图标 ⊾,分别向左右偏置 0.125mm,修剪掉多余线条,完成草图,如图 5-6-13 所示。

拉伸截面:选择草图图形。

拉伸方向:Z 轴反方向。

开始值为 0mm,结束值为 15mm。

布尔运算为求差,如图 5-6-14 所示;得到的矩形不通槽模型如图 5-6-15 所示。

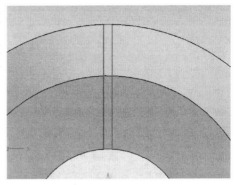

图 5-6-13 矩形不通槽草图

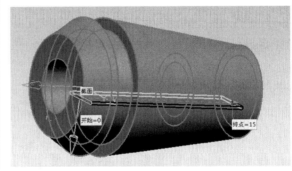

图 5-6-14 矩形不通槽拉伸操作

阵列:在工具栏中选择实例特征图标 ,阵列方式:圆形阵列,选择要引用的特征为拉伸结构(Extrude(10))。输入圆形阵列参数:阵列数量为 6,阵列角度为 60°。

选择阵列的旋转轴为点和方向,点为端面圆的圆心,方向为 Z 轴正方向,得到 6 个均布的矩形不通槽结构,如图 5-6-16 所示。

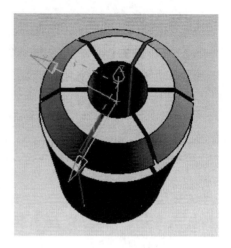

图 5-6-15　矩形不通槽模型　　　　图 5-6-16　6 个均布的矩形不通槽结构

2) 创建矩形通槽

6 个矩形通槽比较特殊,其分布在下段圆锥体下表面上,并一直贯穿到上段圆锥体的圆锥面上。采用与矩形不通槽相同方法来创建,由于拉伸操作只能拉伸到上段圆锥体下表面,所以采用两次草图和拉伸操作。

创建草图:以夹头的下段圆锥体的下端面为草图平面,点击投影工具栏中的 按钮,将夹头的下段圆锥体的下端面轮廓大圆、阶梯孔的小圆圆投影到草图平面;过下端面轮廓大圆的圆心作 Y 轴方向的直线,得到矩形通槽的草图,如图 5-6-17 所示。

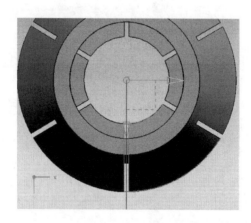

图 5-6-17　矩形通槽草图

旋转草图图形,选择菜单栏中【编辑】、【变换】;在类选择对话框中,选择对象为过端面圆圆心的直线,点击【确定】按钮,如图 5-6-18 所示。

选择类型:绕点旋转,点为坐标原点,对话框如图 5-6-19 所示。在图 5-6-20 所示的变换参数对话框中,输入旋转的角度为 30°。

在图 5-6-21 所示的操作对话框中选择【复制】,创建如图 5-6-22 所示倾斜基准线。

图 5-6-18　类选择对话框

图 5-6-19　变换对话框

图 5-6-20　变换参数对话框

图 5-6-21　操作对话框

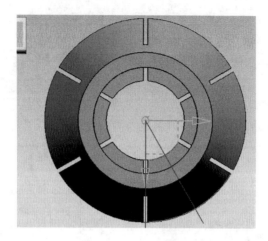

图 5-6-22 基准线创建

利用派生直线图标,将旋转得到的直线向其左右分别偏置 0.125mm 得到两条直线,如图 5-6-23 所示。裁剪多余线条,得到封闭的草图图形,如图 5-6-24 所示。

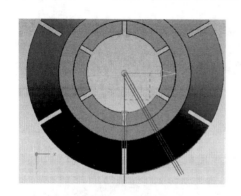

图 5-6-23 偏置基准线

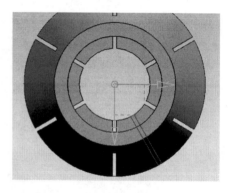

图 5-6-24 矩形通槽草图

拉伸截面:选择草图图形。
拉伸方向:Z 轴正方向(采用自动判断的矢量方式)。
开始值为 0mm,结束值为 16mm。
布尔运算为求差,得到单个矩形通槽模型如图 5-6-25 所示。
阵列:在工具栏中选择图标。阵列方式:圆形阵列,选择要引用的特征为拉伸结构(Extrude(16))。输入圆形阵列参数:阵列数量为 6,阵列角度为 60°。

选择阵列的旋转轴为点和方向,点为端面圆的圆心,方向为 Z 轴方向,如图 5-6-26 所示。

图 5-6-25 单个矩形通槽模型

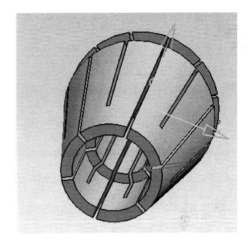
图 5-6-26 均布矩形通槽结构

创建草图:以夹头的上段圆锥体的上端面为草图平面,以上端面的轮廓圆为圆心,分别绘制直径为 $\phi 8$mm、直径为 $\phi 10.92$mm 的圆,从不同槽的两边创建一组平行线,如图 5-6-27 所示;裁剪多余线条,构成一个封闭线框如图 5-6-28 所示。

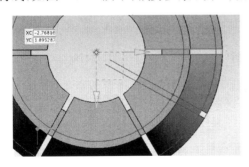
图 5-6-27 矩形通槽在上段圆锥体上基准线

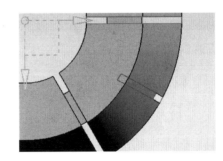
图 5-6-28 矩形通槽在上段圆锥体上草图

拉伸截面:选择草图图形。
拉伸方向:Z 轴负方向(采用自动判断的矢量方式)。
开始值为 0mm,结束值为 2mm。
布尔运算为求差,如图 5-6-29 所示;得到矩形通槽上部分结构如图 5-6-30 所示。

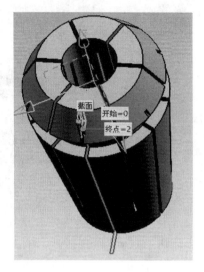
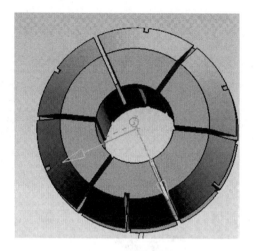

图 5-6-29　拉伸操作　　　　　图 5-6-30　矩形通槽上部分结构

　　阵列：在工具栏中选择图标 。阵列方式：圆形阵列，选择要引用的特征为拉伸结构(Extrude(20))。输入圆形阵列参数：阵列数量为 6，阵列角度为 60°。

　　选择阵列的旋转轴为点和方向，点为端面圆的圆心，方向为 Z 轴方向，得到夹头的最终模型如图 5-6-31 所示。

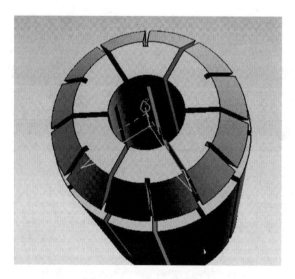

图 5-6-31　夹头最终模型

5.6.3 零件视图

在工具栏中选择【制图模块】,选择 A4 图纸,比例选用 5∶1,图纸名称为 jiatou,选择主视图、俯视图和全剖左视图,标注尺寸,修改得到视图如图 5-6-32 所示。

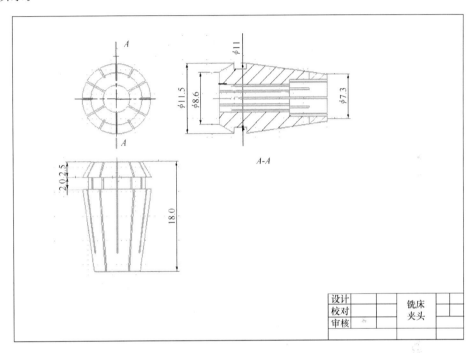

图 5-6-32 铣床夹头视图

5.7 机床组件设计与装配

5.7.1 组合机床传动轴部件

传动轴部件是机床传动系统的关键部件,其装配精度直接影响到机床的性能,如加工精度、工作稳定性及其工作寿命等。本节以专用组合机床主轴箱中的传动轴装配过程进行说明。组合机床主轴箱中有很多轴系,结构比较复杂,如图 5-7-1 所示。

下面以左上方 1 号传动轴为例,介绍部件的装配方法。1 号传动轴部件包括主轴、齿轮、轴承等零件。这些零件的设计方法与前面介绍的方法相同,此处不再重复介绍,接下来介绍这些零件的装配。图 5-7-2 是 1 号传动轴装配完成后的情况。

图 5-7-1　组合机床主轴箱轴系

图 5-7-2　组合机床主轴箱 1 号轴结构

要装配以上组合部件,首先应进入 UG 的装配环境:点击图标开始按钮 右侧三角号,选择下拉菜单中的装配。在 UG 的装配环境下,界面最下方的是装配工具条,如图 5-7-3 所示。

图 5-7-3　装配工具条

5.7.2 组合机床传动轴部件装配

1号传动轴部件包括传动轴主体、直齿圆柱齿轮(齿数为33)、2个滚动轴承、1个推力球轴承、1个轴承挡圈、2个轴套等。各零件设计保存的文件名称分别如下。

传动轴主体:1zhou.prt。

直齿圆柱齿轮:1zhuzhou-33.prt。

滚动轴承:waiquan.prt、neiquan.prt、gundongti2.prt、zhouchengzhuangpei-r25.prt。

推力球轴承:tuiliqiuwaiquan-r25.prt、tuiliqiuneiquan-r25.prt、tuiligundongti-r25.prt、tuiliqiuzhuangpei-r25.prt。

轴承挡圈:1zhouchengdangquan.prt。

轴套:1zhou-L17.prt、1zhou-L84.5.prt、1zhoudangyouhuang.prt、1zhoumifeng-quan.prt。

键:1zhoujian.prt。

1. 确定装配主体

传动轴是装配主体,作为装配其他轴上零件的基准,如图5-7-4所示。

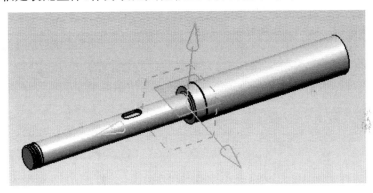

图 5-7-4 轴结构

2. 装配推力球轴承

在装配工具栏中选择添加组件图标 ,弹出添加组件的对话框(图5-7-5),点击打开选择已经设计好的零件文件 tuiliqiuzhuangpei-r25.prt(推力球轴承文件)。在对话框中放置定位,选择定位方式为配对,组件预览(图5-7-6),点击【确定】。

图 5-7-5 添加组件对话框

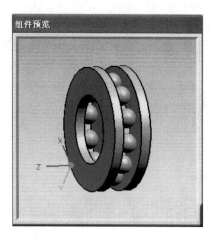

图 5-7-6 滚动轴承

图 5-7-7 配对条件对话框

在弹出的配对条件对话框中,选择配对类型为配对,在图 5-7-6 所示的组件预览中,选择推力球轴承的外圈端面,再选择轴肩侧面,在图 5-7-7 所示的配对条件对话框中,点击【预览】,确认无误后,点击【应用】,如图 5-7-8 所示。

再进行第二次装配,在配对条件的对话框中选择中心配对,选择配对面为推力球轴承中间的内孔面,预览无误后,点击【确定】,得到第二次装配的结果,如图 5-7-9 所示。

3. 装配轴承挡圈

采用与装配推力球轴承同样的方法,添加组件,选择轴承挡圈如图 5-7-10 所示,采用配对、中心配对来定位,装配轴承挡圈如图 5-7-11 所示。

图 5-7-8　第一次装配推力球轴承

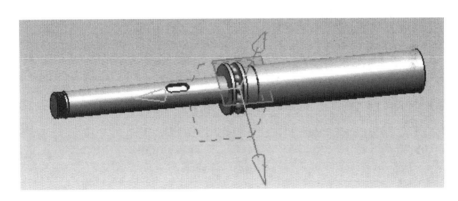

图 5-7-9　第二次装配装配推力球轴承

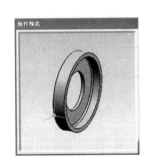

图 5-7-10　轴承挡圈

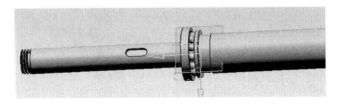

图 5-7-11　装配轴承挡圈

4. 装配滚动轴承

采用与装配推力球轴承同样的方法,添加组件,选择已设计好的滚动轴承零件文件(图 5-7-12),采用同轴配对和配对来定位。先进行同轴配对,选择轴承内圈内圆柱面和轴的圆柱面;再通过配对方式定位,选择轴承靠近轴大端的侧面,以及与其配对面为轴承挡圈靠近轴小端的一个端面。装配第一个滚动轴承，如图 5-7-13 所示。

图 5-7-12　滚动轴承

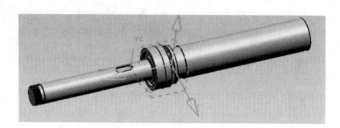
图 5-7-13　装配第一个滚动轴承

5. 装配 L17 轴套

采用与装配推力球轴承同样的方法，添加组件，选择已设计好的 L17 轴套零件文件（图 5-7-14），采用中心配对和同轴配对来定位。先进行中心配对，选择轴的圆柱面和轴套内孔面；再通过同轴配对方式定位，选择轴承挡圈靠近轴大端的侧面，以及滚动轴承靠近轴小端的内圈端面。装配 L17 轴套，如图 5-7-15 所示。

图 5-7-14　L17 轴套

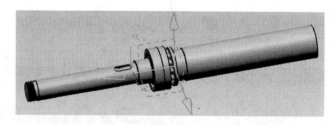
图 5-7-15　装配 L17 轴套

6. 装配键

采用与装配推力球轴承同样的方法，添加组件，选择已设计好的零件文件 1zhoujian，采用两次配对来定位。

1）第一次配对

点击添加组件的按钮，在弹出的添加组件对话框中，打开已经设计好的

1zhoujian 文件。在弹出的配对条件对话框中选择定位方式为配对,先选择键的下底面,再选择轴上键槽的底面,确认无误后,点击【确定】。装配后发现,键处在推力球轴承内部,无法看到,所以隐藏了轴承挡圈及滚动轴承,如图 5-7-16 所示。

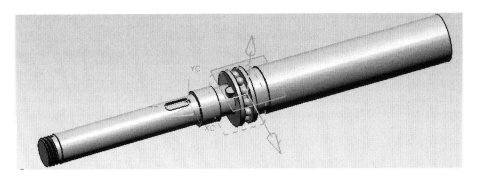

图 5-7-16 第一次装配键

2) 第二次配对

与第一次配对方法相同,选择定位方式为配对,先选择键的左圆柱面,再选择键槽的左圆柱面,如图 5-7-17 所示。

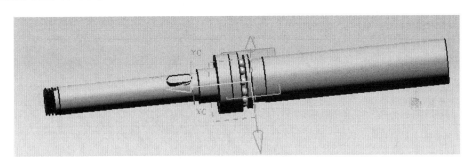

图 5-7-17 第二次装配键

7. 装配齿数为 33 的圆柱齿轮

在装配工具栏中选择添加组件图标,弹出添加组件的对话框,打开已经设计好的 1zhuzhou-33.prt 文件,组件预览如图 5-7-18 所示。齿轮的装配有一定难度,采用三步装配,第一步采用中心配对,第二步采用配对,第三步重定位。

1) 中心配对

先选择齿轮中心孔的内圆柱面,再选择 1 号轴的小端圆柱面,点击【预览】,确认无误后,点击【确定】。第一次装配形式如图 5-7-19 所示。

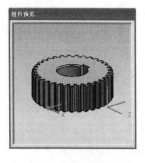

图 5-7-18 齿数为 33 的
直齿圆柱齿轮

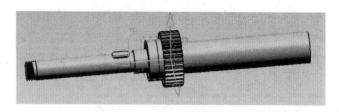

图 5-7-19 第一次装配齿轮

2) 配对

在第一次定位中,从装配齿轮图中可以看出,与实际装配有差距,需要进一步调整,所以需要进行第二次定位。齿轮处在 L17 轴套的左端,在装配导航器(图 5-7-20)中右击 1zhuzhou-33,在出现的菜单中选择配对,在配对条件对话框中选择配对,先选择齿轮的右端面,再选择 L17 轴套的左端面,点击【预览】,确认无误后,点击【确定】。

从图 5-7-21 中可以发现,键槽与齿轮的键槽位置不重合,需要进一步调整。

图 5-7-20 装配导航器

图 5-7-21 第二次装配齿轮

3) 重定位

在装配工具条上选择重定位按钮,弹出类选择对话框(图 5-7-22),选择对象为齿轮,点击【确定】。在弹出的重定位组件对话框(图 5-7-23)中,在变换中选择绕直线旋转,点击【确定】。在图 5-7-24 所示对话框中,选择轴的基准点为轴 1 的大端面的圆心,选择矢量方向为 Z 轴方向。在对话框中设置旋转角为 $90°$。经过三次装配定位得到齿轮装配的最终形式,如图 5-7-25 所示。

第 5 章 机床产品(零件)的三维造型设计

图 5-7-22 重定位对象选择对话框   图 5-7-23 重定位组件对话框

图 5-7-24 重定位矢量的选择

8. 装配 1zhou-L84.5 轴套

选择添加组件,打开已经设计好的 1zhou-L84.5.prt 文件,定位方式为配对,在配对条件中选择中心配对,点击【预览】,确认无误后,点击【确定】。

图 5-7-25　第三次装配齿轮

从图 5-7-26 中可以看出,由于装配位置有问题,无法看到 1zhou-L84.5 轴套,需要进一步调整。隐藏 1 号轴,如图 5-7-27 所示,此时可以看到 1zhou-L84.5 轴套。

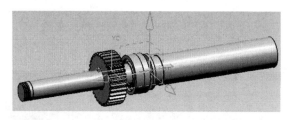

图 5-7-26　第一次装配 L84.5 轴套

图 5-7-27　隐藏 1 号轴

再一次配对定位,先选择 1zhou-L84.5 轴套的右端面,再选择齿轮的左端面,点击【预览】,确认无误后,点击【确定】,得到图 5-7-28 所示的第二次装配图。将之前隐藏的 1 号轴显示出来,得到图 5-7-29 所示的装配图。

图 5-7-28　第二次装配 L84.5 轴套

图 5-7-29　L84.5 轴套装配

9. 装配滚动轴承

由于 1 号轴上有两个滚动轴承,按照第 4 步的装配方法来装配此滚动轴承,定位方式为中心配对和配对,最后得到 1 号轴总的装配形式,如图 5-7-30 所示。

图 5-7-30　装配第二个滚动轴承

第6章 工程机电产品(零件)的三维创新设计

6.1 薄板冲压成型机机构设计

6.1.1 机构工作原理

模具冲压加工依赖于产品的形状和材料的变形特点,因此与模具的形状、运动及空间布置有直接的关系。针对图 6-1-1 所示的冲压成型产品,需要设计相应的冲压成型机。冲压成型过程包括下料与折弯边、弯曲、合扣、压紧以及脱模。

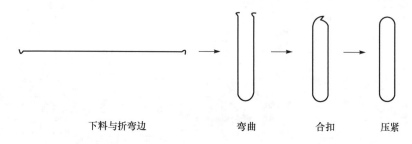

图 6-1-1 冲压成型产品

冲压成型机采用图 6-1-2 所示的工作原理。下料与折弯边处理好的薄片放置在固定凹模上,凸模向下运动与薄片接触,凸模继续运动与凹模相互作用使薄片产生弯曲变形。当凸模与凹模合紧后,凸模停止运动,此时上模上的一个斜楔与下模上相应一侧的水平滑块的表面接触,弯曲凸模固定板与上模座间的弹簧开始压缩,保持凸模不动,上模座继续带动斜楔向下运动,在斜面的作用下滑块水平移动,推动薄片顶部的一侧弯曲。当先接触的滑块运动一段距离后,另一侧的斜楔与滑块接触,滑块水平移动,推动薄片顶部剩下的一侧弯曲。当先弯曲的一侧与凸模压紧后,先接触的斜楔与滑块的竖直表面接触,滑块停止运动,上模座继续下行,后接触的斜楔及滑块继续相对运动,直至两个边缘合扣。后接触的斜楔和滑块的竖直表面接触,滑块停止水平移动,上模座继续向下运动,固定在上模座上的压紧杆向下运动将工件压紧。此时上模座正好运动到其下限位置。最后曲柄通过连杆带动上模座向上运动,回程运动过程正好与工作过程运动相反。

送料机构工作原理:送料机构是设计的另一个主要部分,因为它关系着上一道工序和本道工序之间的自动化程度。如何将第一道工序冲裁、折弯、压纹后的工件自动送入第二道工序的凹模上,并且保证工件不偏斜是送料机构的设计关键。送料过程发生在上模座回程时,因此应结合回程运动进行设计。送料机构可以采用

第6章 工程机电产品(零件)的三维创新设计

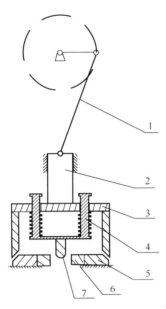

图 6-1-2 冲压成型机的机构原理
1-连杆；2-导杆；3-上滑模板；4-上模座；5-下模座；6-凹模；7-凸模

气动装置。气动装置具有经济、安全可靠、便于操作等特性，易于实现工业自动化。气动装置一般由方向控制阀、气动执行元件(气缸)、各种气动辅助元件及气源净化元件组成。根据机构的要求，先设计相应的送料机构，然后根据所设计的机构选择合适的气动元件。

卸料机构工作原理：由于模具的运动是竖直运动，而卸料运动是水平运动，所以采用齿轮齿条机构。该机构使用两根齿条和固定在一根轴上的两个齿轮，其中一根齿条水平放置，与其中一个齿轮相啮合，另一根齿条水平放置，与剩下的一个齿轮相啮合。当齿轮和水平齿条相对竖直齿条上下运动时，与水平齿条啮合的齿轮将会带动水平齿条在水平方向运动。

6.1.2 结构三维造型设计

冲压成型机的三维造型设计包括传动模块、机架模块、模具模块等。为了说明三维造型软件设计过程，针对其中一些零件的造型设计，详细说明 UG 软件的操作全过程。

1. 阶梯轴三维造型设计

(1) 启动 UG 软件，新建一个文件，设置存储路径及文件名"Sheji-QuBing"，进入建模模块。

（2）建立草图（在草图层）。绘制阶梯轴草图（作为旋转实体的线条），如图 6-1-3 所示。完成草图并退出，如图 6-1-4 所示。

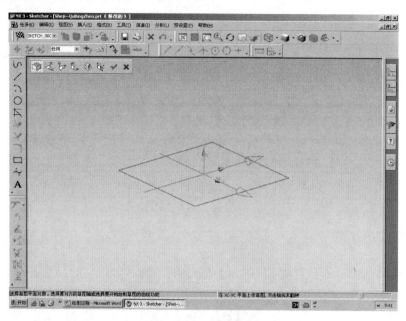

图 6-1-3　建立草图

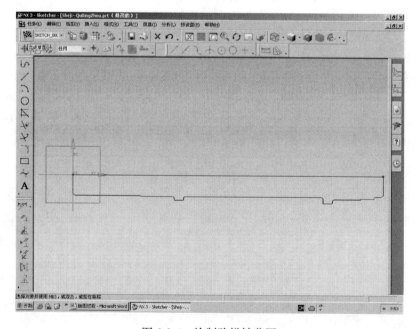

图 6-1-4　绘制阶梯轴草图

(3) 设置实体层为工作层,旋转草图曲线为实体,如图 6-1-5 和图 6-1-6 所示。

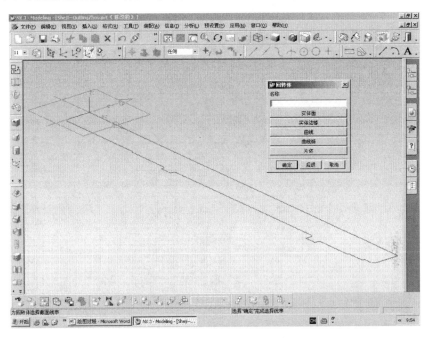

图 6-1-5　设置实体层

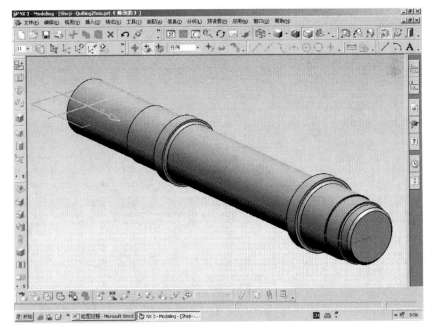

图 6-1-6　阶梯轴实体图

(4)花键造型。设置草图层为工作层,在轴的端面建立草图并绘制花键草图曲线(阵列),如图 6-1-7 和图 6-1-8 所示。

图 6-1-7　绘制花键草图曲线

图 6-1-8　花键草图曲线阵列

(5) 拉伸草图与轴相差形成花键,如图 6-1-9 和图 6-1-10 所示。

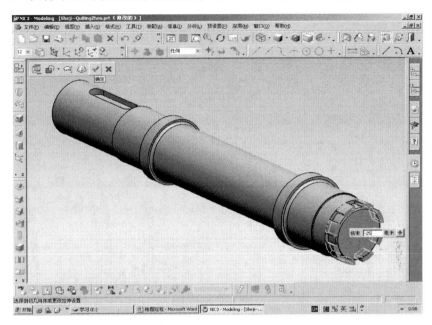

图 6-1-9　拉伸草图

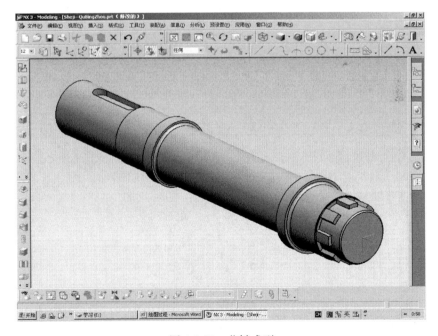

图 6-1-10　花键成型

(6) 键槽造型。设置草图层为工作层,建立基准平面,如图 6-1-11 所示。建立草图(以基准平面为平面),绘制键槽草图(作为拉伸实体的曲线),如图 6-1-12 所示。

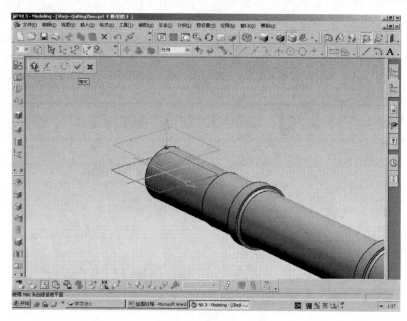

图 6-1-11　建立基准平面

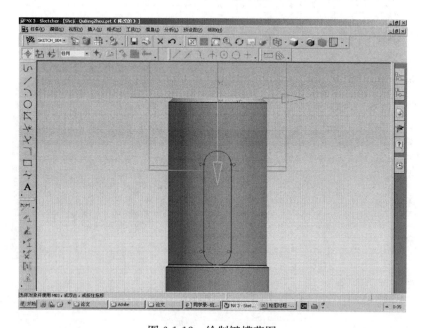

图 6-1-12　绘制键槽草图

（7）设置实体层为工作层，拉伸草图并与轴相差形成键槽，如图 6-1-13 和图 6-1-14 所示。

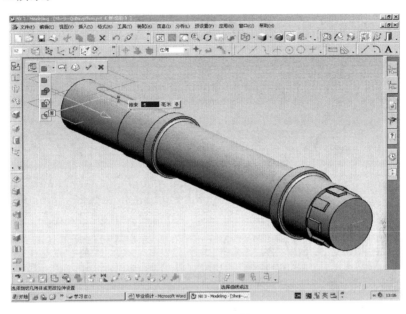

图 6-1-13　设置实体层

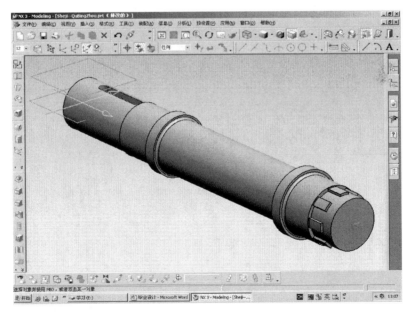

图 6-1-14　形成键槽

（8）绘制螺纹。利用螺纹绘图命令进行操作，轴两端的螺纹如图 6-1-15～图 6-1-18 所示。整体绘制完成，保存实体。

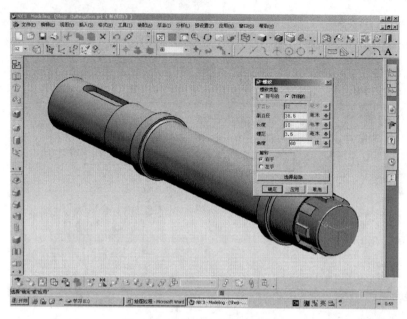

图 6-1-15　选择绘制螺纹曲面

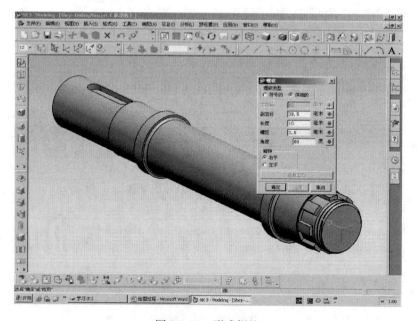

图 6-1-16　形成螺纹

第6章 工程机电产品(零件)的三维创新设计

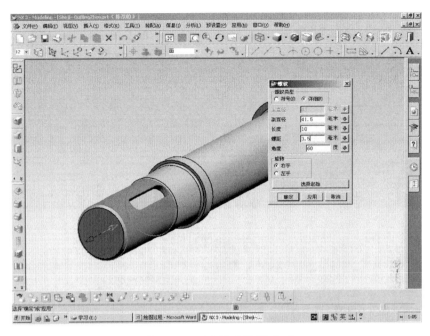

图 6-1-17　选择绘制螺纹曲面

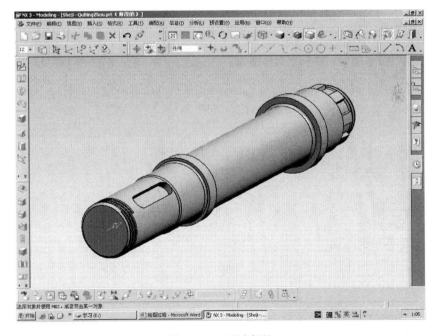

图 6-1-18　形成螺纹

2. 运动机构三维造型设计

（1）曲轴、连杆设计。曲轴是整个运动机构的关键部件，其精度直接决定了模具部分的运动精度，因此曲轴的设计及加工都有详尽的要求。

图 6-1-19 为曲柄的装配图。曲轴由轴 1、轴 2、轴 3、曲柄 1、曲柄 2 和套筒等部分组成，其中，轴 1 和轴 2 的结构和尺寸相同，曲柄 1 和曲柄 2 的结构和尺寸相同。

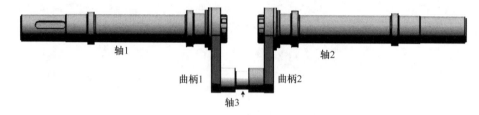

图 6-1-19　曲柄的装配图

（2）运动机构装配，如图 6-1-20 所示。

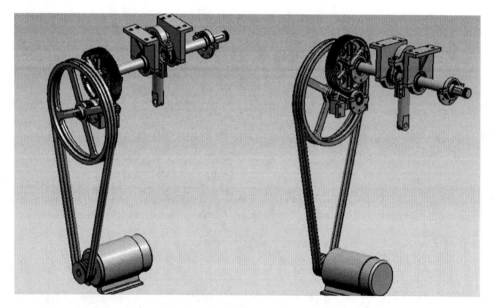

图 6-1-20　运动机构装配

3. 产品模具三维造型设计

上模组件包括产品凸模、凸模固定板、压紧凸模板、导柱、弹簧、斜楔块等。其中,凸模要能够根据工件的大小进行更换,因此凸模尺寸要与加工工件的尺寸相一致,其结构及尺寸如图 6-1-21 所示。凸模固定板用于固定和支撑凸模,同时也用来固定卸料装置,其结构及尺寸如图 6-1-22 所示。

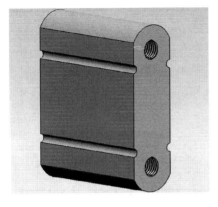 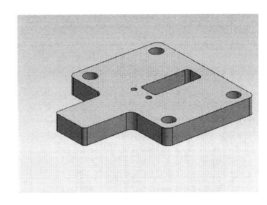

图 6-1-21　产品凸模　　　　　　　图 6-1-22　凸模固定板

4. 模架三维造型设计

模架组件包括上模座、下模座、导杆及导套。这些部件可以参照现有通行的模架进行设计。模架装配图如图 6-1-23 所示。

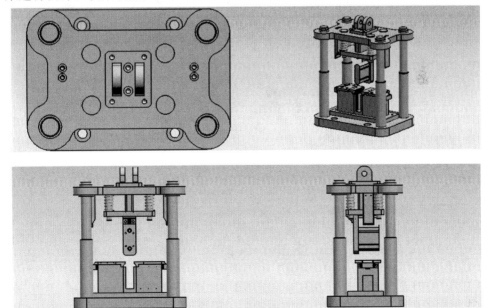

图 6-1-23　模架装配图

5. 卸料机构三维造型设计

卸料机构采用齿条齿轮机构,主要构件有竖直齿条、固定在同一个轴上的两个齿轮和水平齿条,齿轮和水平齿条通过架子固定在凸模固定板上,随上模一起运动,竖直齿条固定在机架上。上模运动时齿轮随其一起上下运动,其中一个齿轮与竖直齿条相啮合而转动。同时,另一个齿轮带动水平齿条水平运动,水平齿条的端部连接卸料杆将工件推出。

整个卸料机构由小齿轮、大齿轮、固定架、竖直齿条、水平齿条、固定板及支架组成。装配图如图 6-1-24 所示。

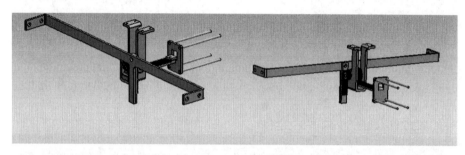

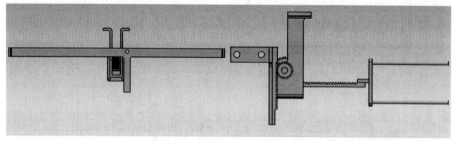

图 6-1-24　卸料机构装配图

6. 机架三维造型设计

机架采用框架结构,电机位于机架的底部,传动部件放置在机架的侧面,而模具及曲柄部分位于机架的中部。具体的结构如图 6-1-25 所示。

7. 整机装配

整个冲压成型机机构各方向的组装图如图 6-1-26 所示。

第6章 工程机电产品(零件)的三维创新设计

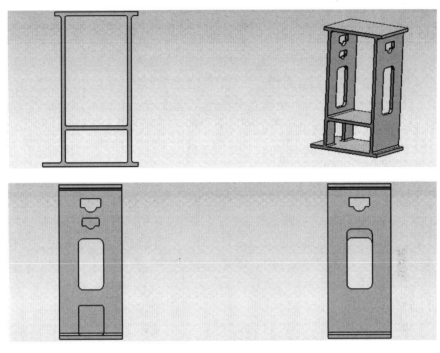

图 6-1-25 机架结构图

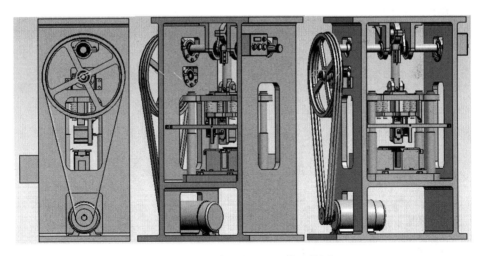

图 6-1-26 冲压成型机机构组装图

6.2 散料分离与输送机机构设计

6.2.1 机构工作原理

散料分离与输送机的工作原理是利用一个转轮将散料分成相等的量,再输送到指定的位置。首先将散料放在漏斗内,分离的散料量通过漏斗下面插片的高度来控制,插片往复运动来控制落料。利用转轮槽接运分离出来的散料,当转轮转到最下方时,转轮槽中的散料由于重力的作用掉落出来,落到下面的转移盒中。转移盒再由传送带移动到合适的位置。

6.2.2 结构三维造型设计

散料分离与输送机的三维造型设计包括分料机构模块、送料机构模块、机架模块等。本节采用 Pro/E 软件进行设计。

1. 分料机构模块

1) 转轮设计

转轮设计为圆盘形状,在外圆柱面上设计一定数量的槽盒。槽的左边都有两个"凸台",凸台的目的是将上面的插片碰回复位,以便于堵住落料口,从而控制分料和落料;转轮内部为空,或者做成辐条结构,目的是减轻转轮的重量。转轮的效果图如图 6-2-1 所示。

2) 插片设计

插片的作用是把散料从漏斗内分开,落到槽中时,保证有一个固定的量。插片的形状如图 6-2-2 所示。插片分为上下两片,为了更容易地将散料从漏斗内分开,插片的厚度很薄,上插片和下插片通过一个片架连接起来。插片的来回移动是靠转轮上"凸台"与插片上的"弧台"的碰撞和弹簧的拉力。弹簧类型为圆钢丝螺旋弹簧。

图 6-2-1 转轮

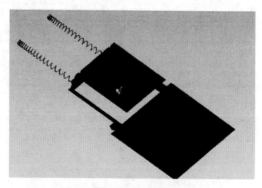

图 6-2-2 插片

3) 漏斗设计

漏斗的形状如图6-2-3所示。在漏斗一侧壁上面,有一个开口和一个突起部分。开口的目的是能使上插片进入漏斗,从而使上插片能挡住漏斗内下落的料。突起部分的作用是在与插片配合的过程中,当插片需要退回时,插片会在弹簧的拉力下快速收缩;设计此突起还能防止收缩过度,挡住下插片的移动,使下插片停在突起的位置。

4) 导轨设计

为了使上述插片能够在弹簧和凸台的控制下运动得更加流畅,在下插片水平移动的平面上设计一个导槽。导轨设计在支架的上端,如图6-2-4所示,下插片可以在导轨内自由移动,这样可以保证插片的水平移动。

图6-2-3 漏斗

5) 防漏罩设计

防漏罩贴在转轮上,其目的是防止转轮转动时里面的散料掉落出来。防漏罩的形状如图6-2-5所示,其中内圈的尺寸要和转轮相匹配,内圈的厚度不宜过大,能防止散料从槽中漏出即可。

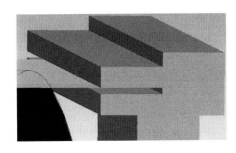

图6-2-4 导轨

图6-2-5 防漏罩

防漏罩需要两个,放在转轮的两侧,其作用除了防止散料从槽中漏出,还使得转轮转动时,不会与外界造成不必要的碰撞,使转轮看起来比较美观。

2. 送料机构模块

送料机构主要是利用同步齿形带和同步带轮的转动来运送。当散料由转轮分离后落到同步带上的盒子中时,同步带的传动把落下的料运走。带走到一定位置时再取走散料,齿形带和同步带轮如图6-2-6所示。选择的同步带和同步轮为梯形齿。

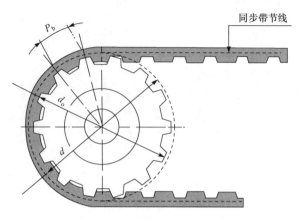

图 6-2-6　梯形齿同步带

图 6-2-7 为同步带轮的三维视图。同步带轮上设计的挡边是为了防止上面的带从带轮上滑落。在带轮上开有 5 个 $\phi 75mm$ 的孔,用来减轻同步带轮的重量。

图 6-2-7　同步带轮

为了使同步带和同步轮啮合准确,所选择的同步带的型号为 T20,工作需要的同步带长度一般在 3～5m,故选择的同步带的参数如下。

规格:T20×3100;节线长:$l=3100mm$;模宽:$d=450mm$;齿数:$z=155$。

节距:$P_b=20mm$;齿高:$h_t=5.00mm$;带厚:$h_s=10.00mm$;角度:$\beta=40°$。

传送带上还要安放小盒子,如图 6-2-8 所示,图中白色显示的是若干个带片,它距带表面的高度为 10mm;带片上有个方槽,可以正好安置一个小盒子。

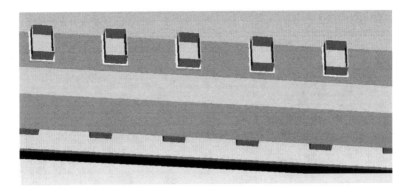

图 6-2-8 存放盒子

3. 机架模块

1) 前支架设计

前支架的作用是放置转轮、皮带轮、漏斗,以及通过轴和联轴器来连接同步带的两个同步轮。为了方便选择同步带,同时考虑到同步带伴随使用周期而变得松弛,以及调节皮带轮和转轮之间的高度,所以将支架的结构做成可调节的,把支架分开为上下两部分,上支架上安装转轮,下支架安装皮带轮的前轮。支架是通过下端的四个螺钉与下面相连,从而把支架固定到地上,支架也分为左右两部分,可以自由拆开,这样皮带轮和转轮才能方便地安装进去,两轮的轴通过标准的轴承安装在支架的孔里,如图 6-2-9 所示。

2) 后支架设计

后支架的作用主要有:①放置皮带轮;②张紧同步带。

图 6-2-9 前支架

后支架的设计中,需要考虑张紧同步带。采用调距机构对同步带长度进行调整。调距机构主要由三部分组成:架子、轴承座和调距杆。架子用来安放带轮;轴承座放置在架子的上端,可以拆卸,方便皮带轮的取放;调距杆用来调节前后两皮带轮之间的距离,也可以根据同步带的张紧程度进行调节。调距机构的大体形状如图 6-2-10 所示。

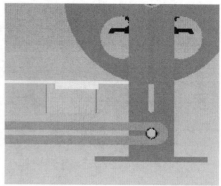

图 6-2-10　后支架及调距机构图

4. 部件装配

(1) 后支架装配如图 6-2-11 所示。

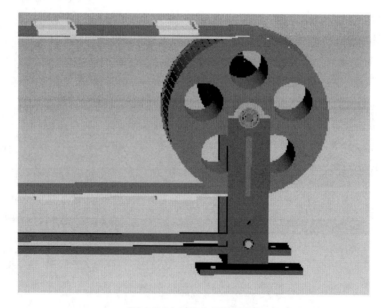

图 6-2-11　后支架装配图

(2) 前支架装配如图 6-2-12 所示。

(3) 料斗及传动机构装配如图 6-2-13 所示。转轮和皮带轮的传动依靠电机带动。

(4) 整机装配如图 6-2-14 所示。

图 6-2-12　前支架装配图

图 6-2-13　料斗及传动机构装配图

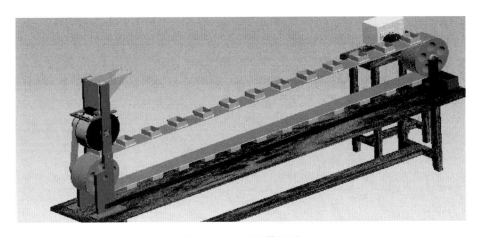

图 6-2-14　整机装配图

6.3　人体穴位刮痧按摩机机构设计

6.3.1　机构工作原理

将人体穴位刮痧动作分解为 2 个方向的运动和 1 个方向的转动。2 个方向的运动由 XY 方向运动数控系统来实现，数控系统可以通过输入一定的坐标值来确定刮痧装置的位置,使刮痧按摩装置沿着平滑曲线运动,实现等压力刮痧按摩。1个方向的转动采用仿人工手轮,由电机带动一个刮痧轮来实现。

根据上述原理,人体穴位刮痧按摩机主要由支架、运动平台和刮痧按摩部分组成。在一个卡盘上均匀安装刮刀,卡盘在电机的带动下旋转,从而带动刮刀一起旋转。同时辅助一些必要的机构,实现供油和红外加热装置,达到刮痧按摩保健的功能。

6.3.2 结构三维造型设计

人体穴位刮痧按摩机分为底座模块、支架模块、运动模块、刮按运动模块等。本节采用 Pro/E 软件进行设计。

1. 底座结构设计

底座主要是用来固定整个系统的,应具有结构简单、便于移动、固定稳定等特点。底座采用平板形式,便于整个机器的稳定。为了安装方便,在底座上开了 2 个孔用于固定立柱。为了便于移动,在底座下面安装了 4 个轮子。靠近立柱的两个为活动轮,另外两个为固定轮。翘起可以推动,放下可以保持平稳。底座上面平台可以放电源箱,如图 6-3-1 所示。

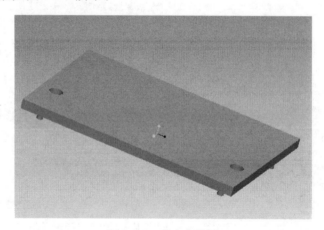

图 6-3-1 底座实体图

2. 支架结构设计

立柱设计为 2 根圆柱管,立柱的下端有长 90mm 的螺纹,便于用螺母将它固定在底板上。在距离下端 100mm 的地方开一孔,便于布置电线。在立柱上端,设计一个支架平台,其功能是放置控制仪器,同时连接两立柱起固定作用,如图 6-3-2 所示。

第 6 章　工程机电产品(零件)的三维创新设计

图 6-3-2　支架实体图

3. 运动平台结构设计

机器要实现二维运动,所以将运动部分分为两层运动平台。第一层运动平台基于支架,第二层运动平台基于第一层运动平台,沿第一层上的导轨运动。利用两个导轨、丝杆和步进电机实现运动。第一层和第二层运动平台组合图如图 6-3-3 所示。

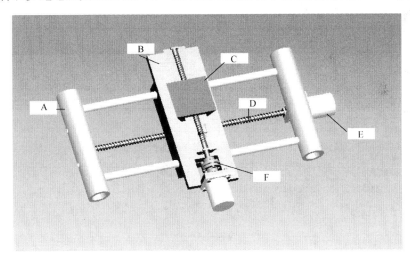

图 6-3-3　运动平台组合图
A-套筒和滑道;B-第一层平台;C-第二层平台;D-丝杆;E-电机;F-联轴器

4. 刮按运动装置结构设计

刮按运动装置采用半自动的方式实现移动。另外,在一个卡盘上均匀安装 3

个刮刀实现刮痧按摩。在一个小功率电机的带动下卡盘旋转,从而带动刮刀也一起旋转,达到刮痧按摩保健的功能。

(1) 托板支撑丝杆,带动整个刮按运动装置移动。丝杆采用标准件,托板的组合效果图如图 6-3-4 所示。

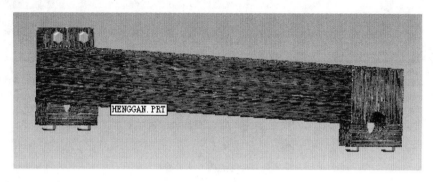

图 6-3-4　托板

(2) 支座可以在丝杆上自由滑动,下部立柱是用来支撑轴的。支座的组合效果图如图 6-3-5 所示。

(3) 刮痧板的卡盘如图 6-3-6 所示。

图 6-3-5　支座

图 6-3-6　卡盘

(4) 润滑结构。刮痧时要不断在人体或刮刀上涂抹刮痧油,防止刮伤皮肤。本节设计的刮痧按摩保健机在刮刀轮子的上方安装一个罩子。在罩子内部的下表面上安装一块薄海绵,然后在罩子上面开几个小孔,从小孔中加入刮痧用的润滑油。这样润滑油就会存储在海绵中,当刮刀在轮子上旋转经过罩子时即可润滑刮刀,以此来实现润滑的功能。同时在轮子的上方安装一个罩子,既可以起到美观的作用,又可以遮挡住旋转的轮子,达到安全的目的。

(5) 加热装置。考虑到刮痧按摩时在刮痧按摩的部位稍微加热就能达到更好的效果且可使人感到更为舒服。因此,采用一个红外加热装置加热人体刮痧部位。同时,在主控箱上与此连接一个温控开关,使温度保持在某一个特定值,当温度高于设定值时,温控开关自动切断加热装置的电源,当温度低于设定值时,温控开关自动闭合接通加热装置的电源。红外线灯如图6-3-7所示。

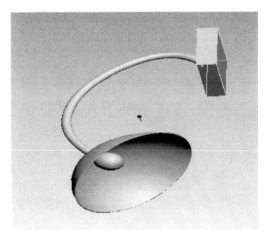

图 6-3-7　红外线灯

6.3.3　部件装配

(1) 刮按运动装置装配后的效果如图6-3-8所示。

图 6-3-8　刮按运动装置的效果图

(2) 人体穴位刮痧按摩保健机的三维效果如图6-3-9所示。

图 6-3-9　人体穴位刮痧按摩机机构图

6.4　自动削面机机构设计

6.4.1　机构工作原理

仔细观察人工削面的过程可以发现,整个过程都是由削面师傅的双手来完成的,左手托着面盘慢慢地转动和移动,右手抓起切刀,飞快地切削,面片便飘入沸腾的锅内。本节将削面师傅两只手的运动全部由机械机构来代替,设计一种自动削面机构。

首先将整个削面过程的动作进行分解,分别对两只手的运动进行分析。右手挥动切刀,可以近似看做一种往复直线运动。左手托着面盘的运动可以近似为旋转运动和进给运动两种运动的合成。

根据以上的分析可以看出,要完成整个削面工作,设计的机构必须实现三种运动。第一是切刀的往复直线运动;第二是面盘的旋转运动;第三是面盘的进给运动。

6.4.2　机构运动分析

1. 往复直线运动机构

要实现切刀的往复直线运动,机构的设计相对来说比较简单。为了使机构运动起来相对平稳,减少冲击,采用对心滚子从动件盘形凸轮机构来实现。设计一水平方向的导轨,刀杆水平装在导轨内,刀杆的一端固定切刀,另一端和拖轮固定。上面安装两根拉簧,弹簧的一端与刀杆相连,另一端与地基相连。拖轮和凸轮的轮廓线相切,如图 6-4-1 所示。在凸轮由短轴向长轴转动的过程中,推动刀杆进而推动切刀完成切削运动。当凸轮由长轴向短轴转动的过程中,弹簧拉回刀杆,完成返回运动。这样,在凸轮不断地做圆周运动的过程中,刀杆带动切刀不断地进行着往复的削面运动。这样,此机构基本上模拟出了人工削面过程中的右手挥动切刀的运动。

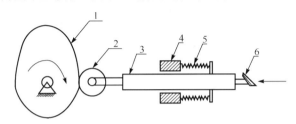

图 6-4-1 往复直线运动原理图
1-凸轮;2-导轮;3-刀杆;4-导轨;5-弹簧;6-切刀

2. 旋转运动机构

仔细观察人工削面师傅手中的面团,会发现其面团的旋转运动并不是随机旋转任意角度,而是在削完每一刀之后,旋转一定的角度,恰好为一个面条的宽度,再行切削,即后一刀紧靠前一刀切削。通过上述的分析可知,这种旋转运动可通过设定旋转角度来实现,即每次转动一定的角度,停留一段时间,再进行旋转。

根据以上的运动分析,采用设计简图如图 6-4-2 所示。在面盘上设计一个转动轴,然后使其转动轴和步进电机转轴相配合,步进电机每接收到一个脉冲信号以后,便带动面盘旋转一定的角度。同时,通过电机的正反转来控制面盘的转动方向。至此,旋转运动机构完成了。

3. 进给运动机构

为保证削面连续进行,面盘必须有进给运动。进给运动是竖直方向间歇式的上升运动。机构设计如图 6-4-3 所示。

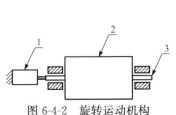

图 6-4-2 旋转运动机构
1-步进电机;2-面盘;3-面盘转轴

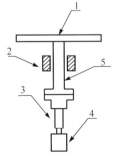

图 6-4-3 进给运动机构
1-面盘;2-方形导轨;3-丝杆;4-电动机;5-方形空心导杆

为了保证面盘按照竖直方向移动,设计竖直方向的空心方形导杆和方形导轨,并且相互配合,导杆一端与面盘相固定,另一端与丝杆相固定,丝杆与电机相配合。当电机正向转动时,丝杆经导杆推动面盘向上运动,当电机停止转动时,面盘停止移动。当电机反转时,丝杆经导杆拖动面盘向下移动,当电机停止转动时,面盘停止移动。这样通过电机的正转、停止、反转便可以控制面盘的上升、停止和下降运动。

4. 机构的整合

最后将上面三种运动机构进行整合,整个机械运动机构如图6-4-4所示。

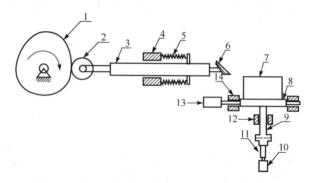

图 6-4-4　机构的整合

1-凸轮;2-拖轮;3-刀杆;4-导轨;5-拉伸弹簧;6-切刀;7-待削面团;8-面盘;9-方形空心导杆;
10-电动机;11-丝杆;12-方形导轨;13-步进电机;14-面盘的转轴固定

6.4.3　凸轮设计

在自动削面机中,凸轮的设计是关键部分。需要采用专门的凸轮轮廓曲线才能实现规定的动作。

1. 凸轮设计的理论基础

凸轮轮廓曲线要求:在时间 t 由 0 到 t_k 中,凸轮转过的角度由 0 到 θ_k,从动件位移 s 由 0 到 h。凸轮的转动角度 $\dot{\theta}=\mathrm{d}\theta/\mathrm{d}t$,是常数。$t_h$ 为凸轮的上升时间(或称为凸轮的进给时间),θ_h 为分度角,h 为行程。凸轮从动件的运动位移 s 是时间 t 的函数,即

$$s=s(t)$$

上式称为位移曲线。用位移 s 对时间 t 顺序微分,得到速度 v、加速度 a 和跃动 $j(\mathrm{mm/s^3})$,各微分公式如下:

$$v=\frac{\mathrm{d}s}{\mathrm{d}t}$$

$$a=\frac{\mathrm{d}v}{\mathrm{d}t}=\frac{\mathrm{d}^2 s}{\mathrm{d}t^2}$$

$$j=\frac{\mathrm{d}a}{\mathrm{d}t}=\frac{\mathrm{d}^3 s}{\mathrm{d}t^3}$$

凸轮从动件的运动不但有直线运动,还有旋转运动。设从动件的角位移为 θ,则具体如下。

角位移:

$$\theta=\theta(t)$$

角速度:

$$\omega=\frac{\mathrm{d}\theta}{\mathrm{d}t}$$

角加速度:

$$\varepsilon=\frac{\mathrm{d}^2\theta}{\mathrm{d}t^2}$$

角跃动:

$$\dot{\varepsilon}=\frac{\mathrm{d}^3\theta}{\mathrm{d}t^3}$$

这里用单程运动来定义无量纲的量,具体如下。

无量纲的时间:

$$T=\frac{t}{t_h}=\frac{\theta}{\theta_h}$$

无量纲的位移:

$$S=\frac{s}{h}=\frac{\theta}{\theta_h}$$

式中,θ_h 是 $t=t_h$ 时的角位移,也称为角行程。

无量纲时间 T 和无量纲位移 S 在起点 0 和终点 1 之间变化,它是时间和位移的比例关系。无量纲位移 S 是无量纲时间 T 的函数,即

$$S=S(T)$$

凸轮曲线按无量纲表示,如图 6-4-5 所示。

用 S 对 T 顺序微分,得到无量纲速度 V,无量纲加速度 A,无量纲跃动 J,各微分公式如下。

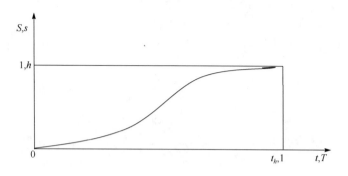

图 6-4-5　凸轮曲线无量纲表示

无量纲速度：
$$V=\frac{dS}{dT}$$

无量纲加速度：
$$A=\frac{dV}{dT}=\frac{d^2S}{dT^2}$$

无量纲跃动：
$$J=\frac{dA}{dT}=\frac{d^3S}{dT^3}$$

用无量纲表示凸轮曲线两者的关系如下：
$$s=hS \quad 或 \quad \theta=\theta_h S$$
$$v=\frac{h}{t_h}V \quad 或 \quad \omega=\frac{\theta_h}{t_h}V$$
$$a=\frac{h}{t_h^2}A \quad 或 \quad \varepsilon=\frac{\theta_h}{t_h^2}A$$
$$j=\frac{h}{t_h^3}A \quad 或 \quad \dot\varepsilon=\frac{\theta}{t_h^3}J$$

最大速度：
$$v_m=\frac{h}{t_h}V_m$$

最大加速度：
$$a_m=\frac{h}{t_h^2}A_m$$

用 Q 表示 V 和 A 的积，称为无量纲惯性矩。
$$Q=VA$$
Q 的最大值用 Q_m 表示。

选择凸轮曲线的基本原则如下。

(1) 速度 V 和加速度 A 的曲线连续。

(2) 低速重载时选择 V_m 和 Q_m 小的曲线。

(3) 高速轻载时选择 A_m 和 J_m 小的曲线。

(4) 当要求停留精度,没有残留振动时,选择加速范围小而减速范围大的非对称曲线。

(5) 当要求单停留运动(终端不停止的迅速回程运动)时,选择单停留曲线。

(6) 当要求中间是等速且凸轮的直径小时,选择修正等速系列曲线。

(7) 当要求加速度小时,选择修正梯形曲线。

(8) 如果没有任何限制条件,则选择修正正弦曲线。

通用凸轮曲线如图 6-4-6 所示。

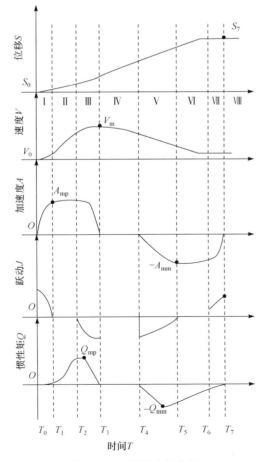

图 6-4-6 通用凸轮曲线

其加速度 A 的公式如下。

区间 Ⅰ ($T_0 \leqslant T < T_1$):
$$A = A_{mp} \sin \frac{\pi(T-T_0)}{2(T_1-T_0)}$$

区间 Ⅱ ($T_1 \leqslant T \leqslant T_2$):
$$A = A_{mp}$$

区间 Ⅲ ($T_2 < T < T_3$):
$$A = A_{mp} \cos \frac{\pi(T-T_2)}{2(T_3-T_2)}$$

区间 Ⅳ ($T_3 \leqslant T \leqslant T_4$):
$$A = 0$$

区间 Ⅴ ($T_4 < T < T_5$):
$$A = -A_{mm} \sin \frac{\pi(T-T_1)}{2(T_5-T_4)}$$

区间 Ⅵ ($T_5 \leqslant T \leqslant T_6$):
$$A = -A_{mm}$$

区间 Ⅶ ($T_6 < T \leqslant T_7$):
$$A = -A_{mm} \cos \frac{\pi(T-T_6)}{2(T_7-T_6)}$$

式中,A_{mp} 和 A_{mm} 是正加速度和负加速度的最大值。只要给出其他参数,可自动求出其值。

将 A 对 T 顺次积分,可得 V 和 S。为使边界条件连续,在 $T=T_0$(初值)时,$V=V_0$,$S=S_0$;在 $T=T_7$(终值)时,$V=V_7$,$S=S_7$。

经过求解得到下面的关系式:
$$V_7 - V_0 = -A_{mm}(C_7+C_6+C_5) + A_{mp}(C_3+C_2+C_1)$$
$$S_7 - S_0 = A_{mm}[-C_7^2 - 0.5C_6^2 - C_5^2 - C_6(T_7-T_6) - C_5(T_7-T_5)]$$
$$+ A_{mp}[C_3^2 + 0.5C_2^2 - C_1^2 + C_3(T_7-T_3) + C_2(T_7-T_2) + C_1(T_7-T_1)]$$
$$+ C_0(T_7-T_0)$$

式中
$$C_1 = \frac{2(T_1-T_0)}{\pi}, \quad C_2 = T_2-T_1$$
$$C_3 = \frac{2(T_3-T_2)}{\pi}, \quad C_4 = T_4-T_3$$
$$C_5 = \frac{2(T_5-T_4)}{\pi}, \quad C_6 = T_6-T_5, \quad C_7 = \frac{2(T_7-T_6)}{\pi}$$

上面各式中包含 $T_0 \sim T_7$、V_0、V_7、S_0、S_7 共 12 个参数,联立方程式可求出 A_{mp}

和 A_{mm}，把它们代入各区间式中，便可求出 S、V、A 和 J。

通用凸轮曲线有两类：一类是像上式那样，给出全部 12 个参数，在此情况下，可用有量纲值指定参数，这称为一般通用凸轮曲线；另一类是无量纲值的通用凸轮曲线，使用这种曲线时，用无量纲值给定参数。以下 6 个值是固定的，只需指定 $T_1 \sim T_6$ 这 6 个值。

$$T_0=0, \quad T_7=1, \quad V_0=0, \quad V_7=0, \quad S_0=0, \quad S_7=1$$

由图 6-4-6 可以看出，$T_3 \sim T_0$ 为进给运动的加速阶段，由于 $T_0=0$，所以 T_3 为加速时间；$T_7 \sim T_4$ 为进给运动的减速阶段；$T_4 \sim T_3$ 为匀速阶段，速度最大。

2. 削面机中凸轮设计要求

在削面开始时，为了使切刀在较短的时间内由零达到切削速度，必须有较大的加速度（为正值），即 T_3 应短一些，而 A_{mp} 应大一些。在切削的过程中，应保持切刀快速、平稳。加速度为零，速度最大，即使得 V 达到最大。有效工作的时间占进给运动总时间的比例应尽可能大，即高速平稳切削部分的时间应尽可能长一些。也就是说，$T_4 \sim T_3$ 应尽可能长一些。在切削结束时，面条必须依靠由切削运动而产生的惯性力落下，应使切刀的速度急剧下降为零，即有较大的加速度（为负值），即 $T_7 \sim T_4$ 应短一些，而 A_{mp} 应大一些。由于 $T_0=0$，$T_7=1$ 为定值，所以 T_3 和 T_4 的选择极为重要。

在本设计中希望通过调节等速区域的长度，使等速区时间约占进给时间的 80%。其中 T 的选择如下：

$T_1=0.050000, \quad T_2=0.050000, \quad T_3=0.100000$
$T_4=0.90000, \quad T_5=0.950000, \quad T_6=0.950000$

图 6-4-7 为其凸轮的标准化曲线。

由联立方程组解得曲线的特征值：

$V_m=1.111111, \quad A_{mp}=17.453293$
$A_{mm}=17.453293, \quad Q_m=12.595829$

为了提高工作效率，应使刀杆在面盘外的时间尽可能短一些，而在面盘上的时间长一些，所以应尽量使切刀在面盘内的平均速度相对较小，而在面盘外的平均速度较大。因此，设定在凸轮运动的一个时间周期（$0 \sim T$）内，即凸轮转动一周

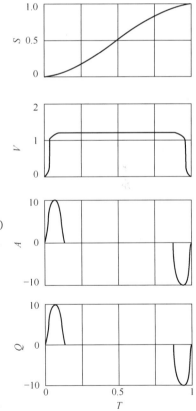

图 6-4-7 凸轮的标准化曲线

(凸轮的转角从 $0 \sim 2\pi$)的时间内,有 $\frac{2}{3}T$ 的时间切刀在运动,而其他 $\frac{1}{3}T$ 的时间切刀静止不动。

3. 凸轮位移曲线

由于凸轮质心不在轴线上,为了防止转动时引起较大的径向振动,造成运动的不平稳,按照质量平衡法,采用对称的设计方案。凸轮一个周期的运动位移曲线如图 6-4-8 所示。

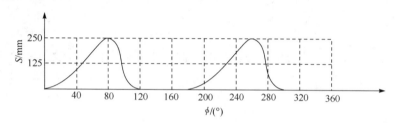

图 6-4-8　凸轮位移曲线

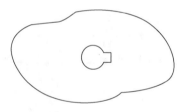

图 6-4-9　凸轮轮廓曲线

用作图法根据凸轮的位移曲线做出凸轮的轮廓曲线如图 6-4-9 所示,基圆的半径为 200mm。

4. 凸轮压力角的验算

压力角是指凸轮和从动件的公法线方向与从动件运动方向的夹角。验算压力角的目的是防止进给运动时从动件被卡住而无法运动。在返回时,由于弹簧的作用,不存在这种情况,所以只对凸轮的进给曲线进行验算。

由图 6-4-8 可以看出,进给曲线是一段平滑凸出曲线。为了简便起见,只对中点和端点进行校核。通过作图可知,起点、中点、终点的压力角分别为 14°、27°、20°。通过查阅资料分析可知,直动从动件的极限压力角为 30°,可见凸轮进给曲线满足压力角的要求。

6.4.4　结构三维造型设计

通过前面的设计与校核,已经确定出自动削面机各个零件的尺寸。分别应用二维绘图软件和三维绘图软件画出二维图和三维图。

采用 UG 软件进行设计。部分三维装配图如图 6-4-10 所示。

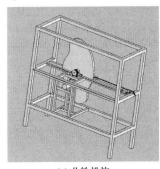 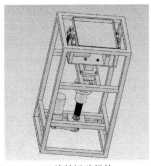 

(a) 凸轮机构　　　　　　(b) 旋转运动机构　　　　　　(c) 整机机构

图 6-4-10　自动削面机三维造型

6.5　下水道疏通机机构设计

6.5.1　机构工作原理

下水道疏通装置的总体结构示意图如图 6-5-1 所示。

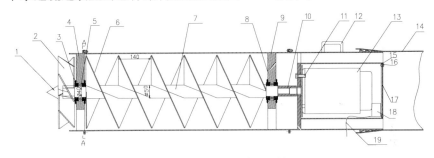

图 6-5-1　小型下水道疏通装置

1-导向螺母；2-螺旋钻头；3-轴承端盖；4-外壳；5-滚动轴承；6-叶片；7-螺旋主轴；8-轴承；9-支架；10-联轴器；11-固定螺栓；12-手柄；13-电机；14-排淤管；15-连接螺钉；16-电机后盖环；17-电机后盖；18-接线盒；19-电缆

图 6-5-1 中，螺旋主轴安装在疏通装置内部，螺旋主轴上焊有螺旋叶片，主轴的一端接螺旋钻头，主轴与螺旋钻头用导向尖（导向螺母）连接固定，导向螺母一端与普通螺母一样，另一端采用尖头的形式。轴承座采用三个固定点焊接在外壳腔筒内，轴承座与外壳腔筒组成排淤腔，防水电机轴与螺旋主轴的另一端连接，防水电机密封在疏通器的末端，防水电机的密封壁与腔筒也组成排淤腔。此处的排淤腔与排泥软管连接，排泥软管轴向可以弯曲但长短不易伸缩，这样可以疏通有拐角的下水道。

工作原理：当疏通装置遇到下水道堵塞物时，螺旋钻头在防水电机的动力驱动下将堵塞物绞碎并将绞碎的污泥传至螺旋叶片中，螺旋叶片再将污泥传至排淤腔，再通过排淤管传到合适的位置。本装置靠污泥对疏通装置的反作用力前进,在下水道堵塞比较严重时,也可靠人力推动疏通装置前进,疏通工作结束后,再通过排泥软管将疏通装置拉出地面即可。

在疏通装置工作时,螺旋钻头一方面绞碎污泥堵塞物,一方面把绞碎的污泥输送到疏通装置的内部。疏通装置也靠堵塞物对钻头的反作用力驱动装置整体前进。螺旋钻头是由一空形管上焊接螺旋叶片制作而成,空心管的内径由与其连接的主轴尺寸决定,外径的大小由导向螺母的尺寸决定(外径略大于导向螺母外接圆直径)。螺旋叶片上焊接合金刀头(图中花纹部分),合金刀头的横截面为三角形,这样焊接后就自然形成一个切削角。

6.5.2 螺旋主轴设计

本疏通装置依靠旋转的叶片将通过其中的污泥等堵塞物向后运送,因此叶片是疏通装置的主要工作部分之一。由于叶片在推送污泥等堵塞物过程中,不断和污泥发生摩擦,所以叶片是易耗部分。因此,叶片的质量直接影响着疏通装置的寿命和效率。

螺旋角的选择:主轴螺旋叶片各参数如图 6-5-2 所示。为直观起见,将其中一螺距上的螺旋叶片展开,如图 6-5-3 所示。

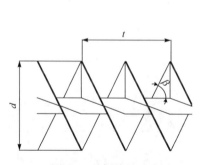

图 6-5-2 螺旋叶片

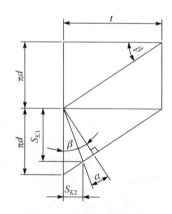

图 6-5-3 螺旋叶片展开图

这样,叶片的旋转运动就变成了垂直于轴向的平移运动,叶片根部某点 K 处污泥在垂直于叶片的力 F 作用下的运动方向与叶片的法向偏离一个角度,此角度 α 就是污泥与叶片间的摩擦角(取 $\tan\alpha=0.2$)。当螺旋轴旋转一周时,其叶片相当于平移了 πd 的距离。K 点处的污泥在被推进的过程中,不断偏离 K 点,又有新泥不断补充,污泥运动主方向是从一端指向另一端。在此平移过程中,K 点处的污泥还做自身旋转运动,与径向运动一起,完成剪切。由图中几何关系求得 K 点处

污泥周向运动累计距离为

$$S_{K1} = \pi d \cdot \cos\beta \cdot \frac{1}{\cos\alpha} \cdot \cos(\beta - \alpha)$$

轴向运动累计距离为

$$S_{K2} = \pi d \cdot \cos\beta \cdot \frac{1}{\cos\alpha} \cdot \sin(\beta - \alpha)$$

其合成总运动累计距离为

$$S_K = \sqrt{S_{K1}^2 + S_{K2}^2} = \pi d \frac{1}{\cos\alpha} \cdot \cos\beta$$

使用 MATLAB 描绘其图形如图 6-5-4 所示。

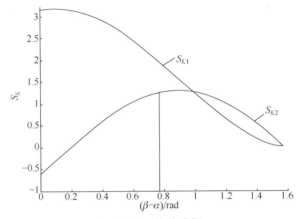

图 6-5-4 位移分析

从图中可见,要使污泥在疏通装置内部轴向运动快,即 S_{K2} 要大,螺旋角 β 应选择 $\left(45° + \dfrac{\alpha}{2}\right)$ 左右;要使扩散作用明显,螺旋角最好选择最小值。有资料选用螺距等于外径,所以本疏通装置叶片螺距也选择为外径大小。

螺旋叶片造型设计如图 6-5-5 所示。

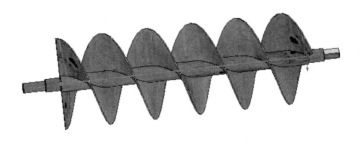

图 6-5-5 螺旋叶片三维图

6.5.3 疏通机外壳三维设计

采用 Solid Works 软件进行设计。考虑到疏通装置中螺旋主轴、驱动电机等的拆装和维护方便,把外壳设计成三段组合形式。每一段外壳中都焊接有一个三脚支承,最后一段中还焊接有一个小圆筒,小圆筒用来置放电机。外壳前段三维效果如图 6-5-6 所示。三脚支承与前端面有一定的距离,这样设计是因为外壳多出段对螺旋钻头绞下的泥土有一定的约束,使泥土更容易进入疏通装置内部。外壳中段三维效果如图 6-5-7 所示。外壳后段三维效果如图 6-5-8 所示。

 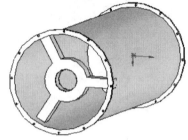 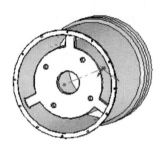

图 6-5-6　外壳前段三维图　　图 6-5-7　外壳中段三维图　　图 6-5-8　外壳后段三维图

6.5.4 疏通机组装

疏通机螺旋轴组装后的三维效果如图 6-5-9 所示。

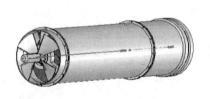 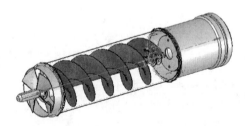

图 6-5-9　疏通机螺旋轴组装三维图

整个疏通机在进行较长距离疏通时,可以多级串联,串联的下一级不再需要导向尖和螺旋钻头,其三维效果如图 6-5-10 所示。由两级串联疏通装置三维效果如图 6-5-11 所示。疏通装置的第一级和第二级由中间可以弯曲的波纹管连接。

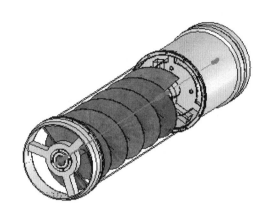

图 6-5-10 中间一级疏通装置三维图

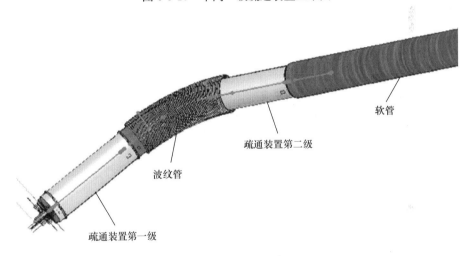

图 6-5-11 两级串联疏通装置三维图

参考文献

《模具实用技术丛书》编委会.1999.冲模设计应用实例[M].北京:机械工业出版社
《现代综合机械设计手册》编委会.2001.现代综合机械设计手册(中)[M].北京:北京出版社
陈桂山,贾广浩,等.2014.UG NX 8.5模具设计入门与提高[M].北京:机械工业出版社
陈绍龙.1989.螺旋叶片实用设计及其送料方向的判别[J].山东建材学院学报,3(1):59-61
陈锡栋,周小玉.2001.实用模具技术手册[M].北京:机械工业出版社
陈志民.2011.AutoCAD 2011中文版机械绘图实例教程[M].北京:机械工业出版社
方兴,夏链,韩江.2004.基于Pro/E的渐开线齿轮参数化设计系统的开发[J].合肥工业大学学报(自然科学版),27(8):915-918
葛小乐.2015.汽车转向机输入轴系统的反求设计与网络制造技术[D].黄山:黄山学院
管晓伟.2012.Catia V5R21模具设计教程[M].北京:机械工业出版社
郭传乐.2015.利用Pro/E设计可拆卸插口[D].黄山:黄山学院
胡庆伟.2015.遥控器面板注塑模具设计[D].黄山:黄山学院
胡志坚.2008.便携式下水道自动疏通装置[D].青岛:中国海洋大学
黄石茂.1998.螺旋输送机输送机理及其主要参数的确定[J].广东造纸:27-31
纪亮.2006.薄板材冲压成型及整形机设计[D].青岛:中国海洋大学
江超一.2015.利用Pro/E软件设计家用手推式扫地机外壳[D].黄山:黄山学院
江明.2015.汽车转向机壳体(A88)的反求设计与制造工艺[D].黄山:黄山学院
金浩.2015.典型塑料产品及注塑模具设计与网络制造技术[D].黄山:黄山学院
康淼.2015.汽车后视镜罩的反求设计与制造工艺[D].黄山:黄山学院
柯映林.2005.反求工程CAD理论、方法和系统[M].北京:机械工业出版社
李爱民,李炳文,马显通,等.2004.基于Pro/E的球轴承三维参数化的设计[J].煤矿机械,(1):8-9
李雷,黄恺.2004.Pro/E环境下直齿锥齿轮三维参数化造型[J].机床与液压,(7):124-125
李庆祥,王东生,李玉和.2003.现代精密仪器设计[M].北京:清华大学出版社
李书国,张谦.2006.食品加工机械与设备手册[M].上海:科学技术文献出版社
李小海,王晓霞,等.2011.模具设计与制造[M].北京:电子工业出版社
刘昌祺,曹西京,牧野洋.2005.凸轮机构的设计[M].北京:机械工业出版社
刘朝儒,吴志军,高政一,等.2006.机械制图[M].5版.北京:高等教育出版社
刘腾飞.2015.汽车转向机支架(3411A06)的反求设计与制造工艺[D].黄山:黄山学院
罗善誉.2002.城市下水道疏通机械简介[J].建设机械技术与管理:37-39
吕广庶,张远明.2006.工程材料及成型技术基础[M].北京:高等教育出版社
慕玉龙.2008.自动削面机的设计[D].青岛:中国海洋大学
潘常春.2014.逆向工程项目实践[M].杭州:浙江大学出版社
潘十成,邓效忠,刘发强.2004.基于UG的圆柱齿轮造型和分析研究[J].煤矿机械,(10):36-39
濮良贵,纪名刚.2001.机械设计[M].7版.北京:高等教育出版社
宋鹏.2015.汽车转向机液压分配阀反求设计与制造工艺[D].黄山:黄山学院
苏站,陈韶娟,马建伟.2008.逆向工程技术的发展现状[J].中国设备工程,12(2):19-21

参考文献

孙新华,张喜超. 2006. 人体穴位刮痧按摩保健机设计[D]. 青岛:中国海洋大学
田涛,陈扬,史廷春. 2006. 逆向工程与新产品设计[J]. 河北理工学院学报,28(4):37-41
王永亮. 2006. 自动分料送料机的设计[D]. 青岛:中国海洋大学
韦焜程. 2012. 模具设计制造中逆向工程技术的应用[J]. 装备制造技术,7:159-161
乌日开西·艾依提,袁逸萍,孙文磊,等. 2001. 圆锥滚子轴承的三维参数化建模及装配[J]. 21世纪新产品快速开发技术:307-311
徐峰,李庆祥. 2005. 精密机械设计[M]. 北京:清华大学出版社
杨飞,高东强. 2013. 逆向工程技术在塑料模具设计中的应用[J]. 塑料工业,41(8):63-65
杨咸启,褚园. 2012. 机械工程制图应用教程[M]. 合肥:中国科学技术大学出版社
杨咸启,慕玉龙. 2012. 自动削面机构设计分析[C]. 第十八届中国机构与机器科学国际学术会议,黄山:201-203
杨咸启,张鹏,赵杰. 2006. 轴承零件的三维参数化设计和运动仿真[J]. 轴承,(2):8-10
杨占尧. 2011. 最新模具标准应用手册[M]. 北京:机械工业出版社
云杰媒体工作室. 2002. Pro/E 零件设计高级指南 2001 中文版[M]. 北京:北京大学出版社
曾向阳,谢国明,王学平. 2003. UG NX 基础应用教程[M]. 北京:电子工业出版社
张方瑞,于鹰宇,韩冰. 2003. UG NX 入门精解与实战技巧[M]. 北京:电子工业出版社
张鹏,赵杰. 2006. 基于运动状态的零件参数化三维设计[D]. 青岛:中国海洋大学
赵明娟,赵龙志,等. 2008. 汽车后视镜盖注射模具设计[J]. 中国塑料,22(2):93-96
中国机械工程学会,等. 2007. 机械设计手册[M]. 北京:电子工业出版社
周曙云,周崇刚,等. 1999. 汽车后视镜罩壳注塑模具的 CAD/CAM[J]. Die and Mould Technology,6:72-76
周四新,和青芳,等. 2004. Pro/E Wildfire 综合培训教程[M]. 北京:机械工业出版社
祝凌云,李斌. 2004. Pro/E 运动仿真和有限元分析[M]. 北京:人民邮电出版社
Lin J C. 2001. Optimum gate design of freeform injection mould using the abductive network[J]. International Journal of Advanced Manufacturing Technology:297-304
Low M L H, Lee K S. 2003. A parametric-controlled cavity layout design system for a plastic injection mould[J]. International Journal of Advanced Manufacturing Technology:807-819
Ma Y S, Shu B T. 2003. The development of a standard component library for plastic injection mould design using an object-oriented approach[J]. International Journal of Advanced Manufacturing Technology:32-41
Orlov P. 1987. Fundamentals of Machine Design[M]. Moscow:mirPub
Uffe H I. 1983. Machine Fundamentals—A Practical Approach[M]. New York:Wiley